MILITARY PHYSICAL EDUCATION

국방체육

구희곤 · 허동욱

박영사

머리말

따뜻한 봄소식과 함께 새 학기가 시작되어 캠퍼스에는 활동적인 학생들의 모습이 아름답게만 보인다. 우리 사회에는 많은 학생들이 군 간부가 되려고 한다. 군 간부가 되려고 하면 육 · 해 · 공군사관학교, 육군3사관학교에 지원하거나, 학군사관후보생, 군장학생, 부사관 시험 등 여러 과정에서 반드시 체력검정을 합격해야 한다.

2004년 이후 전국에는 70여 개의 대학에 군 관련 학과가 개설되어 많은 학생들이 군 간부가 되기 위해 체력검정을 준비하고 있으나, 이들에게 마땅한 교재나 전문서적이 없었다. 이러한 상황에서 군 간부가 되려는 학생들에게 「국방체육」에 대한 체계적인 교육은 그 어느 과목보다 더 중요하다고 판단되어 본 책을 출간하게 되었다.

본 「국방체육」 책은 대학의 강의용 교재로 활용할 수 있도록 총 3개의 장과 부록으로 구성하였다.

제1장 병영체조에서는 기상 후 스트레칭 체조와 모든 운동을 하기 전에 준비운동으로 근육을 풀어주고 준비할 수 있는 국군도수체조를 편성하였다. 특히 군 교육기관에 입소하는 간부 및 병사를 대상으로 평가하고 있는 국군도수체조는 모든 군인들이 매일 실시하고 있는 운동으로서 혼자서도 할 수 있도록 1번 다리운동부터 12번 숨쉬기운동까지 순서별로 동작을 자세하게 설명하였고, 체조방법과 지휘요령을 사진과 함께 제시하였다.

제2장 군인 체력단련에서는 군인에게 있어 어쩌면 가장 중요하다고 할 수 있는 걷기, 달리기, 뜀걸음(행군) 등 기초체력단련과 매년 정기적으로 실시하는 체력검정을 편성하였다. 체력단련은 군인이 기본적으로 구비해야 할 체력요소를 균형 있게 단련시켜 줌으로써 전장상황에서 모든 어려움을 극복할 수 있는 전투체력을 향상시키는 데 있다. 특히 군 간부가 되고 싶은 모든 학생들에게 체력검정의 준비단계부터 합격까지 단계별로 어떻게 하면 합격할 수 있는지에 대한 이론과 2016년부터 국방부에서 새롭게 적용한 윗몸일으키기의 모델을 포함하여 사진자료와 함께 상세하게 제시하였다.

제3장 경기심판법에서는 군 간부가 병영 내에서 병사들과 함께 즐겁게 하고 있는 축구, 풋살, 족구, 배구, 농구, 테니스, 씨름 등 주요 운동경기에 대한 경기심판법과 진행요령을 상세하게 포함하여 군 생활을 하면서도 활용할 수 있도록 편성하였다.

부록에서는 스포츠경기의 대진표작성법과 군 간부 모집과정별 체력검정기준표를 첨부하였다.

끝으로 이러한 「국방체육」을 발간할 수 있도록 물심양면으로 도움을 주신 박영사 관계자 여러분들께 진심으로 감사드리며, 국가안보를 위해 군 간부가 되고자 하는 학생들과 과목을 담당하시는 교수님들께 조금이나마 도움이 되었으면 하는 바람이다.

2016년 3월 5일

저자 구희곤 · 허동욱

차 례

제1장 | 병영체조

제2장 | 군인 체력단련

제3장 | 경기심판법

부 록

제1장

병영체조

제1장 병영체조

1 개 요

제1절 「개요」에서는 체조의 정의와 체조의 효과, 체조 실시간 고려사항 등 체조에 대한 전반적인 개념에 대해 이해한다.

1 체조의 정의

신체의 성장 및 발달을 돕고 건강과 체력을 증진하기 위한 합리적이고 과학적인 신체운동으로서 청소년체조, 성장체조, 건강 및 재활체조, 장애인체조, 직장인체조 등으로 폭넓게 활용되고 있다.

2 체조의 효과

- 신체의 발육을 돕고 균형된 몸을 만들며 피로회복에 도움을 준다.
- 유연성과 교치성(巧緻性) 등의 기초체력을 향상시킨다.
- 준비(정리) 및 보조운동으로서 운동상해를 예방한다.
- 집단으로 실시 가능하며 지도자에 의한 통제가 용이하다.
- 특별한 기구가 필요하지 않고 장소에 구애됨이 없다.

3 체조 실시간 고려사항

- 목적을 명확하게 인식한다.
  → 단순히 신체를 움직인다고 하여 체조라고 할 수 없다.
- 연령, 성별, 건강상태 등 대상자를 명확하게 선정한다.
- 계절, 장소, 사용하는 용구에 맞게 실시한다.

2 기상 후 스트레칭(Stretching)

제2절 「기상 후 스트레칭」에서는 체력향상의 극대화와 운동상해를 예방하는데 필요한 기상 후 스트레칭의 개요와 유의사항 및 체조 실시요령에 대해서 기술하였다.

1 개 요

기상 후 스트레칭은 기상과 동시에 침상 및 침상 주변에서 실시하며 신체근육을 천천히 풀어주고 이완되거나 수축된 신체기능의 회복을 원활하게 해줌으로써 근육의 탄력과 유연성을 길러준다.

2 유의사항

- 무리한 힘과 반동을 주지 않는다.
- 구령을 붙이지 않고 각자 자유롭게 천천히 매일 실시한다.

3 스트레칭 실시요령

순서	운동	소요시간 (횟수)	도해	실시요령
1	손깍지 끼고 전신 뻗기	10~15초		• 바로 누운 상태에서 무릎을 편다. • 손을 깍지끼고 머리 위로 뻗는다. • 신체 모든 근육을 이완시킨다. 〈주의사항〉 • 신체 특정부위에 힘을 주지 않는다.
2	엉덩이 들기	8초 (3회)		• 누운 상태에서 무릎을 세우고 양팔을 침상에 지지한다. • 엉덩이를 8초간 최대한 들어 올리고 내리는 동작을 반복한다. 〈주의사항〉 • 허리에 무리가 가지 않도록 부드럽게 한다.
3	무릎 당기기	10초 (2회)		• 누운 상태에서 왼(오른)무릎을 잡고 손깍지하여 가슴쪽으로 힘껏 당긴다. • 좌 · 우측 각 2회 실시 후 양다리를 함께 모아 당겨준다.
4	엎드려 뒤로 발들어 올리기	5초 (좌우 3회)		• 엎드린 상태에서 양발을 곧게편다. • 왼발부터 5초간 위로 들어 올린 후 내린다. 〈주의사항〉 • 무릎을 구부리지 않도록 한다.

5	무릎 꿇고 엎드려 어깨 뻗기	10초 (2회)		• 엎드린 상태에서 양무릎을 꿇는다. • 엉덩이를 뒤로 밀면서 양어깨를 쭉 뻗는다. 〈주의사항〉 • 시선은 전방을 향하고 팔꿈치를 구부리지 않도록 한다.
6	누워서 윗몸 일으키고 무릎에 가슴 대기	5회 이상		• 누워있는 상태에서 양팔을 머리 위로 올리고 천천히 상체를 일으켜 가슴을 무릎에 댄다. 〈주의사항〉 • 무릎을 구부리지 않도록 한다.

3 국군도수체조

제3절 「국군도수체조」에서는 체조의 기본요령/유의사항, 체조순서, 구령법 및 지휘요령, 실시요령에 대해 숙달하기 쉽도록 사진과 함께 기술하였다.

1 개 요

국군도수체조는 격무에 시달린 장병들의 심신을 조화롭게 하고 신체가 균형적으로 발달되는 데 도움을 주는 체조이다.

아침점호 시, 체력단련 및 체육활동 전 · 후에 지휘자의 구령이나 음악에 맞추어 실시하면 근육의 피로를 풀어주고 기분을 상쾌하게 해주며 운동상해를 최소화한다.

2 기본요령/유의사항

- 손을 내려 몸에 붙이는 동작은 주먹을 가볍게 쥔다.
- 2호간 연속동작 시에는 반동을 이용해서 보다 강하게 실시한다.
- 몸을 위로 올리는 동작 시에는 발뒤꿈치를 들어서 다른 동작에서의 유연성을 유지시킨다.
- 순서를 준수하고 정확한 동작으로 한다.
- 동작은 구령 또는 음악에 맞추어 부드럽고 즐겁게 한다.
- 동작은 크고 탄력있게 한다.

3 체조순서

체조는 팔, 다리, 목, 가슴, 옆구리, 등배, 몸통의 7가지로 구분되며 심장에서 먼 부위부터 순차적으로 시작한다.

4 구령법 및 지휘요령

- 국군도수체조를 지도할 경우 동작별로 구분하여 지도해야 하며 교관은 예령과 동령, 번호를 붙여야 한다.
  ☞ 예) 예령 : 1번 다리운동, 동령 : 시작, 번호 : 하나, 둘…여덟
- 구령방법
  ☞ 예) 1번 다리운동/2번 팔운동 : 하나, 둘, 셋, 넷, 다섯, 여섯, 일곱, 여덟, 둘둘, 셋, 넷, 다섯, 여섯, 일곱, 팔운동…
  ※ 한 동작이 끝나면 마지막 여덟의 번호 대신 다음 동작의 명칭을 붙여 준다.
- 어느 정도 숙달된 인원에 대해서는 교관이 예령과 동령을 내리고 실시자는 각자 번호를 붙이면서 실시한다.
  ☞ 예) "지금부터 국군도수체조를 실시한다. 1번 다리운동부터 12번 숨쉬기 운동까지 각자(지휘자) 구령에 맞춰 1회 실시한다. 시작"
- 번호에 맞추어 실시하고 있는 체조를 도중에 그만두고자 할 때 교관은 다

음 번호 대신에 "그만"이라는 구령을 붙인다.

☞ 예) 8번 팔다리운동 실시 도중 : … 둘둘, 셋, 넷, 다섯, 여섯, 일곱, 그만

- 체조를 2회 반복하여 실시할 때는 10번 뜀뛰기운동을 마친 다음 다시 1번 다리운동부터 12번 숨쉬기운동까지 실시한다.

☞ 예) 10번 뜀뛰기운동 : 하나, 둘, 셋, 넷, 다섯, 여섯, 일곱, 여덟,
둘둘, 셋, 넷, 다섯, 여섯, 일곱, 되풀이

5 체조 실시요령

① 다리운동

순서	운동	도해	실시요령
1	다리운동	(1), (3) (2) (4), (8) (5), (6) (7)	(1) 양팔을 앞으로 들면서 발뒤꿈치를 든다. (2) 양팔을 앞으로 내려 몸을 스쳐 옆으로 들어 올리면서 무릎을 굽혔다 편다. (3) 양팔을 몸에 스치게 하여 다시 앞으로 들어 올리면서 무릎을 굽혔다 편다. (4) 양팔을 내려 차려자세로 선다. (5, 6) 양손가락을 아래로 향하게 하여 무릎에 대고 뒤로 민다. (7) 양손가락이 서로 마주 보게 무릎에 대고 발뒤꿈치를 들면서 쪼그려 앉는다. (8) 무릎을 밀면서 차려자세로 선다. **〈주의사항〉** (1, 2, 3) 팔이 어깨 높이보다 높거나 낮지 않도록 한다. (7) 쪼그려 앉을 때 양 무릎이 벌어지지 않도록 한다.

② 팔운동

순서	운동	도해	실시요령
2	팔 운동	(1) (2), (3) (4), (8) (5), (6) (7)	(1) 양팔을 앞으로부터 위로 올리면서 발뒤꿈치를 든다. (2, 3) 양손이 어깨 높이가 되도록 팔을 굽혔다가 편다. (4) 양팔을 앞으로 똑바르게 내려 몸을 스쳐 옆으로 들어 올린다. (5, 6) 발뒤꿈치를 들면서 양팔을 옆으로 내려 손목이 몸 앞에서 엑스자가 되게 엇걸며 돌린다. (7) 발뒤꿈치를 다시 들면서 양팔을 옆으로 올려 머리 위에서 손목을 엇건다. (8) 양팔을 옆으로 내리면서 몸 앞에서 겹치게 돌려 옆으로 든다. 〈주의사항〉 (1) 양팔을 위로 올릴 때 이두근이 귀에 스치도록 올린다. (4) 팔을 앞으로 내릴 때 팔목을 교차하면 안 되고 옆으로 들 때는 어깨 높이로 들어야 한다. (5, 6, 7) 팔을 돌릴 때 팔굽을 굽히지 말고 시선은 주먹을 보며 가장 크게 돌려야 하며 손목을 엇걸 때 왼손목이 위로 오게 한다.

③ 목운동

순서	운동	도해	실시요령
3	목 운동	(1), (2) (3), (4) (5), (6), (7) (8)	(1) 왼발을 옆으로 벌리며 양손은 허리에 대고 목은 뒤로 젖힌다. (2) 뒤로 젖혀진 목에 다시 한 번 힘을 가하여 젖혀 준다. (3) 목을 앞으로 숙인다. (4) 앞으로 숙인 목에 다시 한 번 힘을 가한다. (5, 6, 7) 목을 왼쪽으로 돌린다(두 번째는 오른쪽으로 돌린다). (8) 양팔을 내리며 차려자세로 선다. 〈주의사항〉 (1) 발을 옆으로 벌릴 때 어깨너비의 1.5배 정도 벌린다. (5, 6, 7) 목을 돌릴 경우 눈을 감지 않는다. (1~7) 목에 힘을 빼고 부드럽게 하여야 하고 눈을 감지 말아야 한다.

④ 가슴운동

순서	운동	도해	실시요령
4	가슴운동	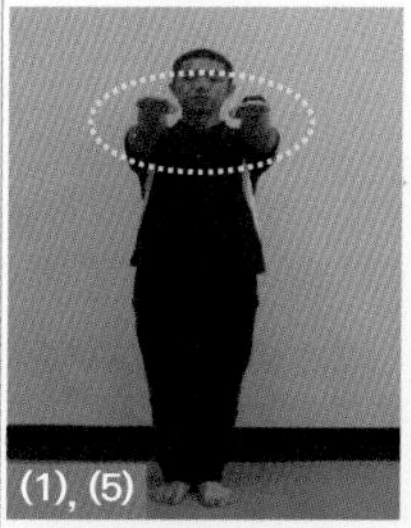 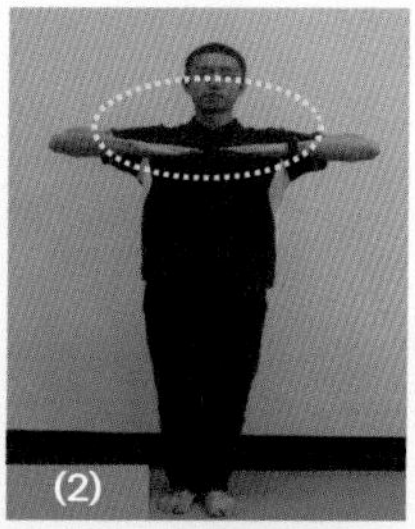    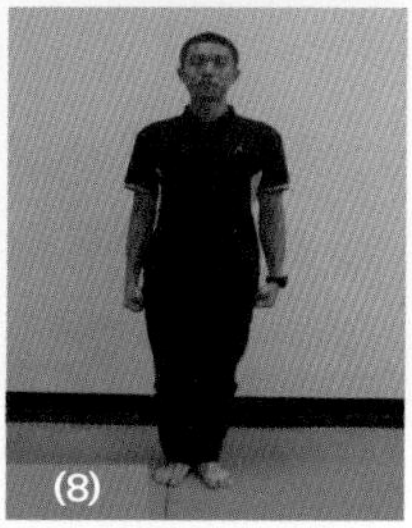 (1), (5) (2) (3) (4) (6), (7) (8)	(1) 양손을 펴고 손바닥이 아래로 향하게 하여 수평이 되게 앞으로 올린다. (2) 양손 끝이 거의 밀착되도록 양손을 가슴 앞으로 힘껏 끌어 당긴다. (3) 양팔을 펴서 옆으로 최대한 젖혔다가 앞으로 오는데 그 탄력을 이용하여 발뒤꿈치를 든다. (4) 양팔을 앞으로 내리면서 주먹을 가볍게 쥐고 몸 뒤쪽으로 가게 한다. (5) 주먹 쥔 양팔을 앞으로 들어 올린다. (6, 7) 왼발을 앞으로 내면서 무릎을 굽히고 양팔을 옆으로 최대한 젖혔다가 모은다(두 번째는 오른발을 낸다). (8) 차려자세로 선다. 〈주의사항〉 (1, 3, 5, 6, 7) 팔을 앞으로, 옆으로 들 때는 어깨 높이로 든다. (6, 7) 발은 1보 반 정도 앞으로 내딛고, 뒷다리는 무릎을 펴야 하며 발뒤꿈치가 지면에서 떨어지면 안 된다.

⑤ 옆구리운동

순서	운동	도 해	실시요령
5	옆구리 운동	  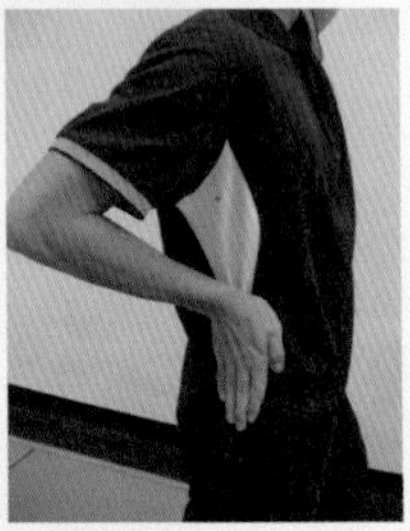 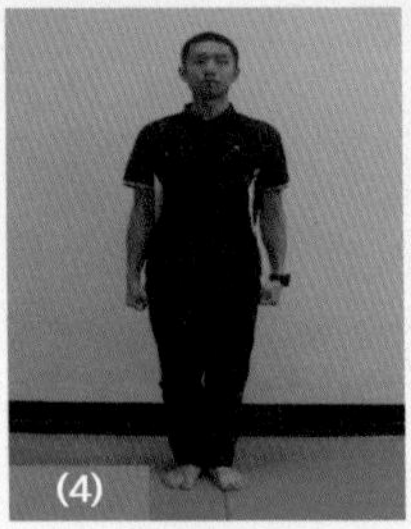 (1) (2), (3) (4)	⑴ 왼발을 옆으로 벌리면서 무릎을 굽히고 양팔은 손을 펴서 손바닥이 아래로 향하게 하여 옆으로 든다. ⑵ 왼팔을 왼쪽 귀에 닿도록 붙이고 오른손은 허리에 대어 몸을 오른쪽으로 젖힌다. ⑶ 반동을 이용하여 다시 한 번 젖힌다. (4, 8) 차려자세로 선다. (5, 6, 7) 반대방향으로 실시한다. 〈주의사항〉 ⑴ 발을 옆으로 벌릴 때 어깨너비의 1.5배 정도로 수평되게 벌린다. (2, 3) 팔꿈치를 굽히지 말고 이두근이 귀에 닿도록 한다.

⑥ 등배운동

순서	운동	도해	실시요령
6	등배 운동	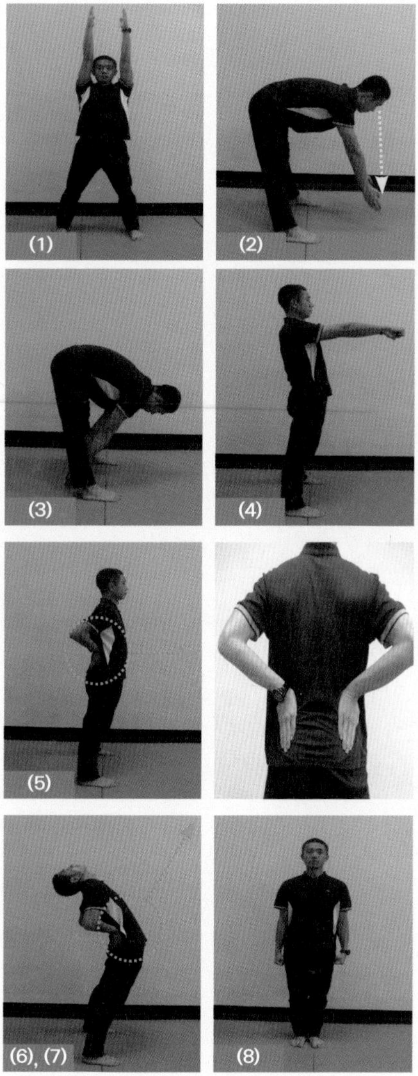 (1) (2) (3) (4) (5) (6), (7) (8)	⑴ 왼발을 옆으로 벌리고 양손을 펴서 손바닥이 마주보게 하여 위로 올린다. ⑵ 팔을 편 채로 앞으로 내리면서 손끝을 발앞꿈치 앞에 댄다. ⑶ 탄력을 이용하여 양손을 다리 사이로 넣으면서 몸을 더 깊이 굽힌다. ⑷ 상체를 일으키면서 주먹을 가볍게 쥐고 양팔을 앞으로부터 뒤로 크게 돌린 다음 앞으로 든다. ⑸ 양손은 손가락이 밑으로 향하게 하여 허리 뒤에 댄다. ⑹ 상체를 뒤로 젖힌다. ⑺ 탄력을 이용하여 한번 더 뒤로 젖힌다. ⑻ 차려자세로 선다. 〈주의사항〉 ⑴ 발은 어깨너비의 1.5배 정도로 벌린다. (1, 2, 3) 시선은 손끝을 바라본다. ⑷ 양팔은 어깨 높이로 들고 주먹의 손등이 위로 향하게 한다.

⑦ 몸통운동

순서	운동	도해	실시요령
7	몸통 운동	(1), (3) (2) (4) (8)	⑴ 손등이 뒤로 향하게 하여 주먹을 가볍게 쥐고 양팔을 앞으로 든다. ⑵ 왼발을 옆으로 벌리면서 무릎을 굽히는 동시에 오른 주먹을 허리에 대면서 왼팔과 몸통을 왼쪽으로 힘껏 돌린다. ⑶ 다리는 벌린 상태로 있고 양팔만 앞으로 다시 온다. ⑷ 차려자세로 서며 양팔을 몸 뒤쪽까지 가게 내린다. (5~7) 반대방향으로 실시한다. ⑻ 차려자세로 선다. 〈주의사항〉 (1, 3) 양팔은 어깨 높이로 든다. ⑵ 발은 어깨너비의 1.5배 정도로 벌리고, 몸을 옆으로 돌릴 때 굽히지 않는 다리의 발뒤꿈치가 땅에서 떨어지면 안 된다. 시선은 뻗어 돌리는 손을 본다.

⑧ 팔다리운동

순서	운동	도해	실시요령
8	팔다리 운동	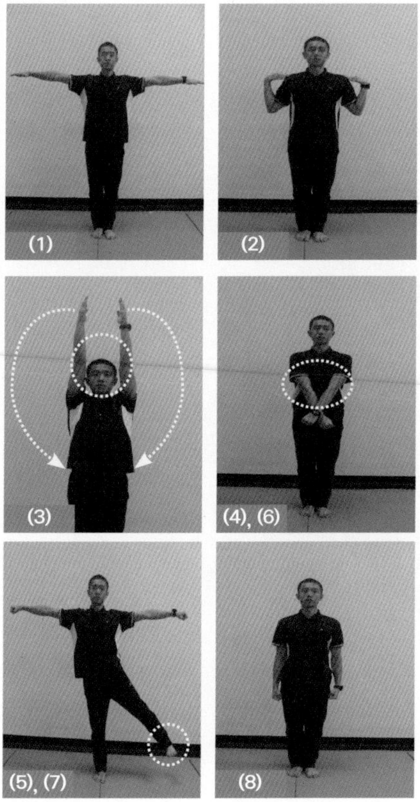 (1) (2) (3) (4), (6) (5), (7) (8)	⑴ 양손을 펴서 옆으로 든다. ⑵ 양팔굽을 굽혀 손끝이 어깨에 닿도록 한다. ⑶ 양팔을 위로 편다. ⑷ 주먹을 가볍게 쥐면서 양팔을 옆으로 내려 몸 앞에서 손목을 엑스자가 되게 엇건다. ⑸ 양팔을 옆으로 들어 올리면서 왼다리를 옆으로 든다. ⑹ "⑷" 동작으로 돌아온다. ⑺ 양팔을 옆으로 들어 올리면서 오른다리를 옆으로 든다. ⑻ 차려자세로 선다. 〈주의사항〉 (1, 5, 7) 양팔은 어깨 높이로 든다. ⑶ 시선은 전방이다. (4, 6) 손목을 엇걸 때 왼손목이 위로 오게 한다. (5, 7) 다리는 45°정도 벌려서 들고 발목에 힘을 주어 발끝이 지면을 향하도록 한다.

⑨ 몸통운동

순서	운동	도해	실시요령
9	몸통 운동	(1) (2) (3) (4)	(1) 양팔을 옆으로 올려 손끝이 어깨에 닿도록 한다. (2) 왼발을 옆으로 벌리는 동시에 무릎을 굽히고 왼팔은 손바닥이 위로 향하게 하여 올리고 오른손은 손바닥이 밑으로 하여 편다. 이때 시선은 왼손끝을 본다. (3) 오른팔을 옆으로부터 위로 올려 양손이 몸과 직선이 되게 하고 시선은 정면을 본다. (4) 양팔을 옆으로 내리면서 차려자세로 선다. (5~8) 반대방향으로 실시한다. 〈주의사항〉 (2, 3) 몸을 옆으로 눕혔을 때 다리, 몸통, 팔이 대각으로 직선이 되어야 한다.

⑩ 뜀뛰기운동

순서	운동	도해	실시요령
10	뜀뛰기 운동	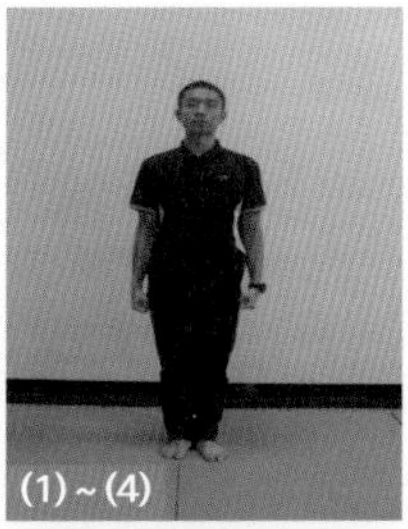 (1) ~ (4)  (5), (7) 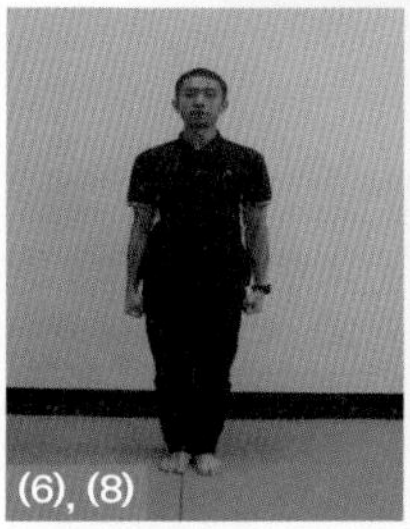 (6), (8) 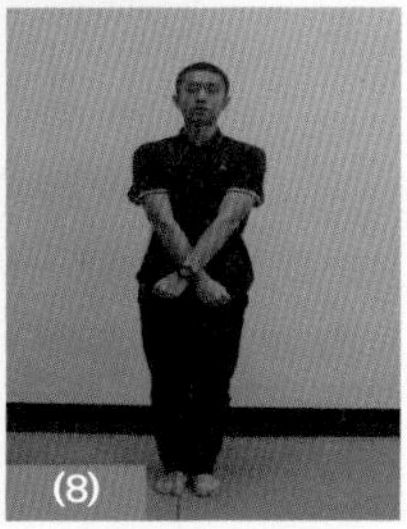 (8)	(1~4) 모둠발로 제자리뛰기를 한다. (5) 양팔은 손을 펴서 옆으로부터 위로 올리고 양다리를 벌리며 뛴다. (6, 8) 양팔을 옆으로 내리면서 차려자세로 선다. 〈주의사항〉 (5, 7) 팔을 위로 올릴 때 팔꿈치를 펴고 양손바닥은 마주보며 이두근이 귀에 닿도록 하되 손뼉을 쳐서는 안 된다. (8) 차려자세와 동시에 팔다리운동을 연결하기 위하여 양팔은 11번 팔다리운동“(2)”자세를 한다.

⑪ 팔다리운동

순서	운동	도 해	실시요령
11	팔다리 운동	 (1), (3) 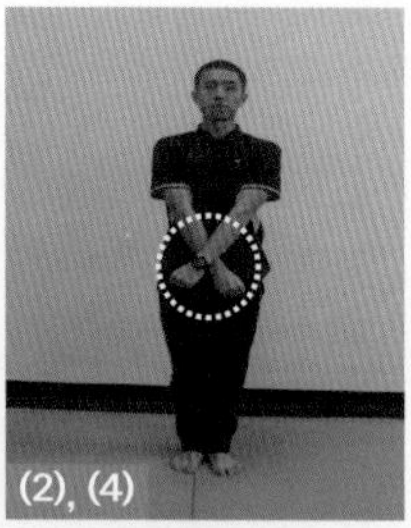 (2), (4) 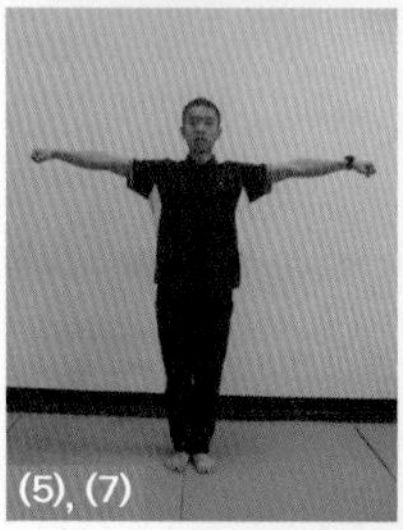 (5), (7) 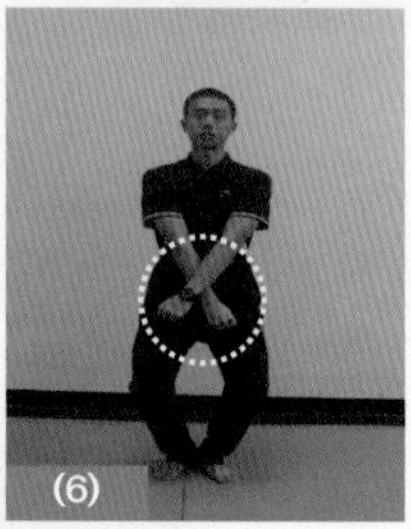 (6) 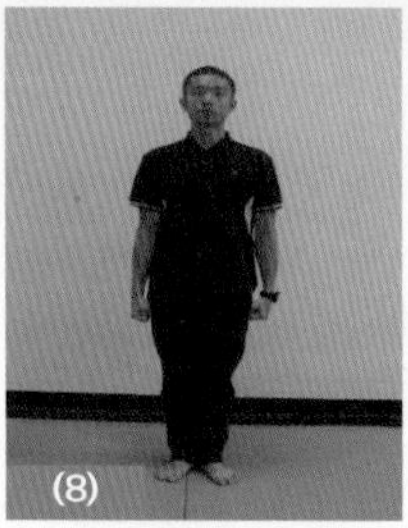 (8)	(1) 양팔을 옆으로 들어 올리는 동시에 왼쪽무릎을 90° 굽혀 들어 올린다. (2) 양팔을 내려 몸 앞에서 손목을 엑스자가 되게 엇건다. (3) 양팔을 옆으로 들어 올리는 동시에 오른쪽 무릎을 90° 굽혀 들어 올린다. (4) "(2)"와 같은 자세를 한다. (5) 양팔을 옆으로 들어 올린다. (6) 양팔을 내려 손목이 몸 앞에서 엑스자가 되게 엇걸며 양무릎을 굽힌다. (7) "(5)"와 같은 자세를 한다. (8) 차려자세로 선다. 〈주의사항〉 (1, 3) 들어 올린 발의 발끝은 지면을 향하도록 한다. (1, 3, 5, 7) 양팔은 어깨 높이로 든다.

⑫ 숨쉬기운동

순서	운동	도해	실시요령
12	숨쉬기 운동	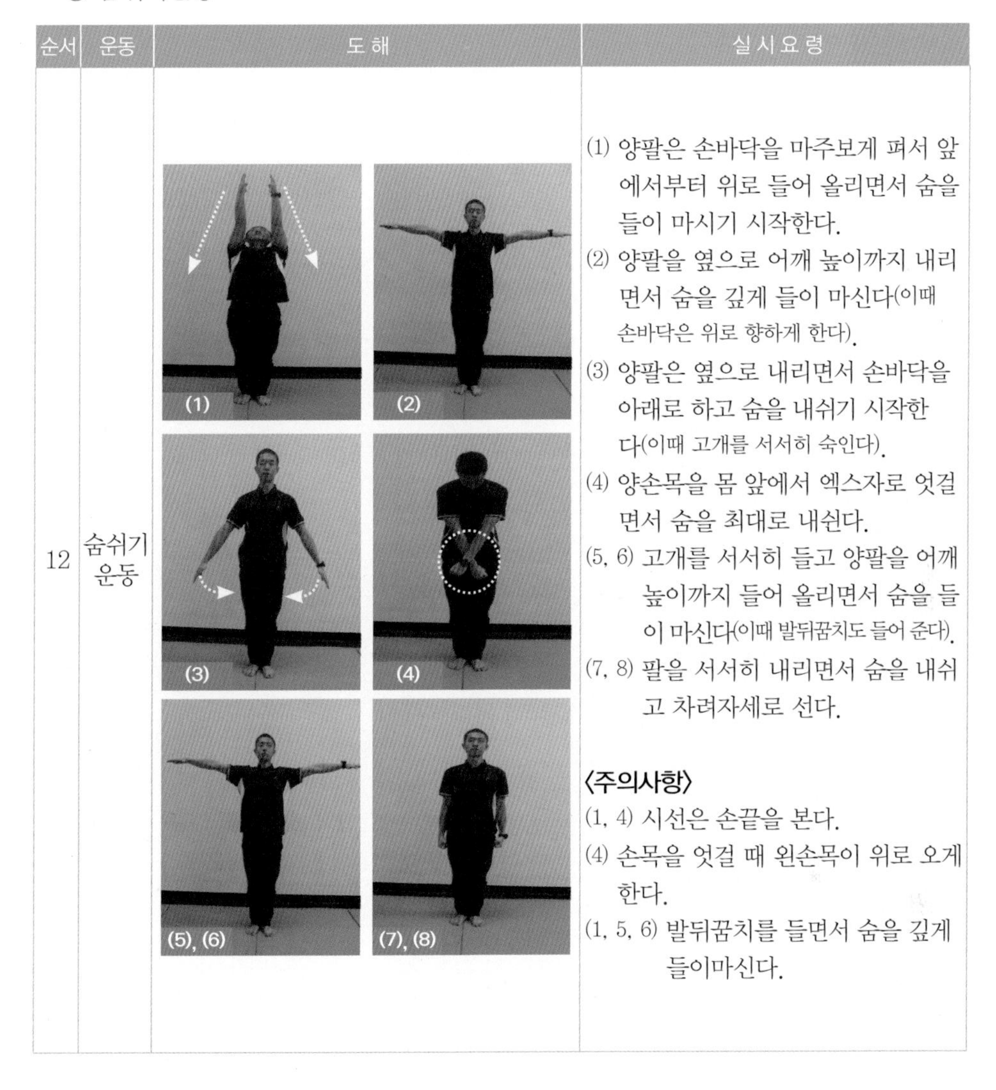	(1) 양팔은 손바닥을 마주보게 펴서 앞에서부터 위로 들어 올리면서 숨을 들이 마시기 시작한다. (2) 양팔을 옆으로 어깨 높이까지 내리면서 숨을 깊게 들이 마신다(이때 손바닥은 위로 향하게 한다). (3) 양팔은 옆으로 내리면서 손바닥을 아래로 하고 숨을 내쉬기 시작한다(이때 고개를 서서히 숙인다). (4) 양손목을 몸 앞에서 엑스자로 엇걸면서 숨을 최대로 내쉰다. (5, 6) 고개를 서서히 들고 양팔을 어깨 높이까지 들어 올리면서 숨을 들이 마신다(이때 발뒤꿈치도 들어 준다). (7, 8) 팔을 서서히 내리면서 숨을 내쉬고 차려자세로 선다. 〈주의사항〉 (1, 4) 시선은 손끝을 본다. (4) 손목을 엇걸 때 왼손목이 위로 오게 한다. (1, 5, 6) 발뒤꿈치를 들면서 숨을 깊게 들이마신다.

제2장

군인 체력단련

제2장 군인 체력단련

1 개 요

제1절 「개요」에서는 체력단련의 일반적 개념과 군 체력단련의 목적, 특성, 원리 등을 기술하였다.

1 체력단련의 개념

가. 체력의 정의

체력이란 외부의 압력에 대하여 생명을 유지하는 신체의 방위력과 적극적으로 동작하는 행동능력을 말한다.

나. 체력의 구성

체력의 구성은 〈표 2-1〉과 같다.

표 2-1 체력의 구성

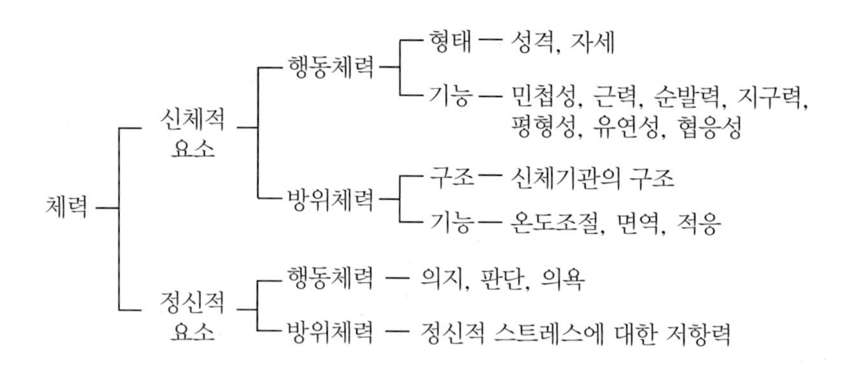

2 군 체력단련의 목적

전투원이 기본적으로 구비해야 할 체력요소를 균형있게 단련시켜 줌으로써 전장상황에서 모든 난관을 극복할 수 있는 전투체력을 향상시키는 데 있다. 군 체력단련의 구체적인 목적은 다음과 같다.

- 전장의 악조건(산악, 하천, 장애물 등)을 극복하는 전투체질화 형성
- 부대 단위 응집력과 사기 진작
- 개인의 스트레스 해소로 사고예방 및 군생활 적응력 향상
- 정서 순화로 건전한 국민육성에 기여

3 군 체력단련의 특성

- 건제단위로 부대 전원이 체육활동에 참가
- 장소(연병장, 산악, 하천, 야지 등)에 구애됨이 없이 체력단련 실시
- 전투체력단련 및 소부대 응집력, 인내심 배양
- 단체경기 시 전투상황을 간접적으로 체험(건제단위 작전구상 및 지휘 등)

4 체력단련의 원리

체력단련이 진전됨에 따라 신체의 기능도 이에 적응하게 되며 체력단련의 목표를 달성하기 위하여 다음과 같은 원리가 적용되어야 한다.

가. 과부하의 원리

체력단련을 효과적으로 수행하기 위해서는 평상 시에 부하되는 자극보다 더 높은 강도의 자극이 가해져야 한다. 즉, 신체가 적응하고 있는 정도보다 조금 더 강한 부하를 주어 이를 극복하도록 하여야 한다.

나. 점진성의 원리

체력은 그 부하를 증가시켜 근육에 자극을 점점 강하게 주어야 향상된다. 그러므로 트레이닝의 부하를 질과 양으로, 운동과제와 동작을 점진적으로 증가시켜야만 체력향상을 기대할 수가 있다.

다. 자각성의 원리

자기가 실시하고 있는 것이 어떤 것이며 어떤 목적으로 실시하는지 또한, 지금 자기가 하고 있는 상태가 어느 정도라는 것을 알아야만 체력향상의 효과를 거둘 수 있다. 그러나 무조건적인 지시에 따르는 훈련은 운동의 효과를 기대할 수 없다.

라. 반복성의 원리

체력단련은 반복적으로 실시해야 효과를 얻기 때문에 규칙적으로 장기간 계속 실시하여야 한다.

마. 개별성의 원리

사람은 개인별로 특별한 개성과 기능의 차이를 가지고 있다. 따라서 체력단련은 성별, 연령, 성숙도, 훈련강도, 정신적 요소를 정확하게 진단하고 처방해서 실시해야 체력향상의 효과를 가져올 수 있다.

2 기초체력단련

기초체력 요인 즉, 근력, 근지구력, 순발력, 유연성, 민첩성 그리고 평형성 등은 각종 운동기구와 시설을 이용하여 향상시킬 수 있다.

그리고 기초체력은 어렵고 힘든 극한 상황에서도 맡은 바 임무와 책임을 훌륭히 수행할 수 있는 능력을 구비하는 데 기초를 제공한다. 따라서 제 2 절 기초체력단련에서 대표적인 4가지의 체력육성방법을 소개한다.

1. 걷기　2. 달리기　3. 뜀걸음(행군)　4. 줄넘기

1 걷 기

가. 개 요

"적극적으로 걷는다"는 의식적 측면을 강조하는 「걷기운동(Exercise Walking)」은 군대의 행진에서 비롯되어 레포츠로 대중화되었다.

나. 걷기운동의 효과

걷기는 모두가 즐길 수 있는 유산소 운동이다. 특히, 운동 초보자 · 과체중인 사람 · 노인 · 심장병 환자 등을 위한 재활운동 프로그램으로도 많이 활용되고 있다.

앉아서 생활하는 시간이 많은 참모간부 및 병사들에게 심폐기능 향상이나 비만의 치료에도 효과가 있다고 할 수 있다. 구체적인 운동효과는,

1) 다리의 근육을 단련시켜 행군능력을 향상시키며 다리의 관절 기능을 좋게 한다.

특히, 온몸의 근육과 뼈의 모두가 운동에 참가하게 되므로 다리에서의 혈액순환과 신진대사가 활발하게 진행되어서 다리의 근육들이 단련되고 다리 힘이 좋아진다.

2) 비만자들은 몸무게를 줄일 수 있다.

① 비만은 체질에도 관계되지만 결국은 식사량에 비해 운동량이 적은 데서 온다.

② 매일 빠짐없이 자기의 건강상태에 맞게 걷기운동을 하면 몸무게도 줄고 여러 가지

성인병에도 걸리지 않게 된다.

3) 고혈압 및 저혈압, 빈혈에 좋은 영향을 준다.

① 고혈압인 경우는 자기의 몸상태에 맞게 걷는 것이 원칙이다. 걷기운동을 하면 모세혈관의 피흐름이 활발해지고 산소가 충분히 공급되어 점차 혈압도 내려간다.

② 저혈압은 작은 압력 조건에서 심장이 활동하기 때문에 심장이 약하다. 그러므로 적당한 걷기운동을 하면 심장에 많은 피가 들어가면서 심장이 단련된다.

③ 빈혈 때 걷기운동을 하면 호흡수가 늘어나고 깊어지며 심장도 빨리 뛰게 된다. 그리하여 피 속에는 적혈구와 혈색소의 양이 많아진다. 또한, 약간의 숨가쁨을 느낄 정도로 걷는 것이 좋다.

4) 뇌의 노화를 억제시키는 작용을 한다. 특히, 중년기, 노년기에 들어서서 운동을 하지 않으면 근육이 쇠약해지고 그 결과로 뇌세포의 활동이 저하된다.

뇌에 긍정적인 자극을 주어 뇌세포의 노화를 예방하기 위해서 작용하는 것은 뼈들에 붙어 있는 긴장근인데 이것은 하반신에 제일 많이 모여 있다. 그렇기 때문에 하반신을 많이 활용하는 걷기운동은 결국 뇌를 언제나 젊게 유지하는 가장 좋은 방법의 하나가 된다.

다. 운동요령

걷기운동 전에는 국군도수체조 및 스트레칭 등의 동적인 준비운동을 통해 체온을 유지하고 활동부위에 흥분과 자극을 주어야 하며 특히, 연령이 많을수록 준비운동에 관심을 가져야 한다.

준비운동 시간은 약 5~10분이 적당하다.

스트레칭은 허리, 무릎, 다리, 발목, 목, 어깨, 팔, 손 등의 순으로 한 동작을 약 10~30초 정도 실시하면 효과가 좋다.

걷기운동에서 발을 딛는 요령은 발뒤꿈치가 먼저 땅에 닿게 하고 그 다음 발앞꿈치쪽으로 중심을 옮겨 간다.

턱을 당겨 목을 바로 세우고 고개를 숙이지 않도록 하며 시선은 전방 15° 정도를 보는 것이 좋다.

체력수준이 낮거나 연령이 높은 사람의 경우 운동시간은 가급적 동일하게 하되 걷는 속도를 천천히 하고 익숙해지는 정도에 따라 점차적으로 속도, 시간, 거리를 증가해 나가는 것이 좋다.

걷기능력이 향상되면 발목에 모래주머니 착용, 군장착용, 기타 장비 및 물자 등을 이용하여 무게를 증가시킴으로써 걷기능력을 더욱 향상시킬 수 있다.

라. 운동법 선정 시 고려사항

- 코스 선정 : 낮은 언덕길/포장도로를 포함한다(높낮이가 있는 코스).
- 속도의 강약조절 : 1시간 중 5~10분 정도는 속력을 내어 걷는다.
  ※ 주차별 점진성의 원리 적용
- 운동인원 : 2명 1개 조 또는 분 · 소대 단위가 적당

2 달 리 기

가. 개 요

군인들의 달리기는 전술적으로 기동의 한 형태로서 신속한 기동은 기습공격을 가능하게 하고 전투에서의 피해를 감소시키며 승리를 보장한다.

달리기는 모든 군인들에게 필수적인 운동인 것이며, 일상생활에서 달리기를 습관화 함으로써 강인한 체력도 향상시킬 수 있다.

나. 달리기 운동의 효과

인간에게는 육체와 정신의 양면성이 조화되어 있는데 달리기는 바로 이 양면성을 모두 충족시켜주는 운동이다. 구체적인 운동효과는 다음과 같다.

- 전신근육을 사용함으로써 신체의 균형을 조화시켜 준다.
- 심폐기능을 포함한 인체 내부의 모든 기능을 원활하게 해준다.

- 여러 가지 질병에 대한 저항력을 높여주고 특히, 고혈압, 당뇨병, 동맥경화 등의 성인병에 대한 예방과 위험성을 현저히 감소시켜 준다.
- 땀을 흘리면서 힘들게 완주하면 성취감과 만족감으로 온갖 고민과 불쾌감 등에서 벗어날 수 있어 정신적, 심리적인 안정을 얻을 수 있다.

다. 준 비

1) 신발과 유니폼

신발은 편한 감이 있어야 한다. 너무 헐거우면 달릴 때 발에 물집이 생기고 너무 꼭 맞으면 신경에 압박을 주게 되어 통증이 생긴다.

유니폼은 활동하기가 편하고 통풍이 잘되며 특히, 땀을 잘 흡수하는 재질이 좋다.

겨울철에는 손가락, 발가락, 귀에 동상이 걸리지 않도록 주의해야 하고 더운 날씨에는 가능하면 옷을 가볍게 입는 것이 좋으며 흰색이나 밝은 색의 옷은 햇빛을 반사하는 데 도움을 준다.

땀을 많이 내기 위해서 고무제품으로 만든 재킷이나 바지를 입어서는 안 된다. 이유는 체내에서 발산되는 열을 방출하는 데 방해를 주기 때문이다.

2) 준비운동

달리기 전에는 5~10분 정도의 준비운동을 반드시 실시한다.

국군도수체조(1회) · 보강체조 및 스트레칭 · 속보 및 전력질주(50m 정도)

스트레칭은 근육 및 관절을 이완시켜 주고 전력질주는 근육과 심장에 강한 자극을 주어 경련이나 심장마비 등의 사고를 미리 예방해 준다.

라. 운동방법

달리기의 올바른 자세 : 〈그림 2-1〉 참조

자세가 바르지 못하면 에너지의 소모가 크고 신체를 불필요하게 긴장시키므로 상해를 당할 우려가 있다.

그림 2-1 달리기의 올바른 자세

오르막길에서는 상체를 평지에서보다 약간 더 숙이고 보폭은 좁게 하며 내리막길에서는 상체를 평지에서보다 약간 더 세우고 보폭을 넓게 하여 달린다.

1) 호흡방법

달리기 할 때는 육체가 필요로 하는 만큼의 산소를 공급해 주어야 하므로 많은 양의 공기를 들이쉬고 내쉬어야 한다.

달리기를 할 때의 호흡법은 개인별 차이가 있지만 보통 숨을 들이쉴 때는 코로 내쉴 때는 입으로 한다.

불규칙한 호흡으로 호흡의 리듬이 깨지지 않도록 하는 것도 중요하다.

2) 운동강도/빈도/시간

(운동강도) 달리기 운동의 강도는 보통 자신의 최대맥박수의 70~80%로 하는데 이를 목표맥박수라 한다.

따라서 달리기 운동 직후 맥박수를 측정하여 목표맥박수보다 적으면 달리기 속도를 빠르게 하고 목표맥박수보다 많으면 속도를 느리게 하여 운동강도를 조절해야 한다.

대부분 사람들의 목표맥박수는 140~170회 정도인데 이 수준은 달리면서 친구와 이야기를 해도 숨이 가쁘지 않는 정도가 된다.

- 목표맥박수 : 자신의 최대맥박수에 운동의 강도를 곱한 값이다.
  ☞ 예) 운동강도를 70%로 하고 자신의 최대맥박수가 200인 사람의 경우
  200×0.7=140이 목표맥박수가 되는 것이다.

(빈도/시간) 운동 빈도는 1주일에 5회 정도 실시하고 1회 운동시 20~30분정도 실시하는 것이 바람직하다.

- 안정시 맥박수 : 자고 일어나 앉은 자세에서의 1분간 맥박수
- 최대맥박수 : ① 운동직후 10초간 맥박수 × 6
  ② 220 − 자기나이
- 목표맥박수 : ① 최대맥박수 × 운동강도
  ② 안정시 맥박수 + (최대맥박수 − 안정시 맥박수) × 운동강도

※ 맥박수 측정부위 : 요골동맥(손목부위 동맥)

마. 10주간 달리기 프로그램

오랫동안 운동을 외면하던 사람들을 위해 제시하는 프로그램이다. 여기에 제시된 프로그램은 단지 일정한 목표를 제시함으로써 달리기의 효과를 증가시키는 것에 그 의의가 있는데 한 가지 유의할 점은 달리기는 기록이나 규정에 따르는 것이 아니다.

자신의 체력에 맞지 않는 달리기는 다리와 허리 등에 불균형을 가져오며, 심한 경우 타박상, 염좌 등을 초래할 수도 있다.

달리기는 체력에 알맞는 강도로 실시함으로써 몸과 마음의 피로를 풀고 상쾌한 기분과 생활에 활력을 얻는 데 목적을 두고 실시해야 한다.

1) 단계구분

단 계	달리기 거리	적 용 범 위
1단계	800~3,200m	장기간(6개월 이상) 운동 미실시자
2단계	2,400~8,000m	1단계 훈련자 및 6개월 이상 운동자

2) 단계별 거리

거리단위 : km

구 분	1단계(10주)				2단계(10주)			
	월	수	금	토	월	수	금	토
1주	0.8	0.8	0.8	0.8	2.4	2.4	2.4	2.4
2주	0.8	0.8	0.8	1.2	2.4 적응테스트	3.2	2.4	3.2
3주	1.2	1.2	1.2	1.6	3.2	3.2	2.4	4.0
4주	1.2	1.6	1.2	1.6	3.2	4.0	2.4	4.8
5주	1.6	1.6	1.6	2.4 적응테스트	3.2	4.0	3.2	5.4
6주	1.6	2.0	1.6	2.4	3.2	4.8	3.2	5.4
7주	1.6	2.4	1.6	2.4	4.0	4.8	3.2	6.4
8주	1.6	2.4	1.6	2.8	4.0	4.8	3..	7.2
9주	2.0	2.8	2.0	3.2	4.8	5.6	3.2	7.2
10주	2.4 적응테스트	3.2	2.4	3.2	2.4 적응테스트	5.6	3.2	8.0

3) 연령별 목표시간

구 분	1단계(10주)			2단계(10주)			
	1.6km	2.4km	3.2km	3.2km	4.8km	6.4km	8km
20~25세	8'	12'30"	16'	14'	21'30"	29'	38'
26~30세	8'30"	13'	17'	14'30"	22'	31'	41'
31~35세	9'	13'30"	18'	15'	23'30"	33'	44'
36~40세	9'30"	14'	19'	15'30"	25'	35'	47'
41~43세	10'	14'30"	20'	16'	27'	37'	50'
44세이상	10'30"	15'	21'	16'30"	29'	39'	53'

4) 1, 2단계 후 개인수준평가 기준

거리단위 : 3km

구 분	특급	1급	2급	3급	불합격
20~25세	12'30" 이내	12'31"~13'32'	13'33"~14'34"	14'35"~15'36"	15'37" 이상
26~30세	12'45" 이내	12'46"~13'52'	13'53"~14'59"	15'00"~16'06"	16'07" 이상
31~35세	13'00" 이내	13'01'~14'12"	14'13"~15'24'	15'25'~16'36"	16'37" 이상
36~40세	13'15" 이내	13'16"~14'32"	14'33"~15'49'	15'30'~17'06"	17'07" 이상
41~43세	13'30" 이내	13'31"~14'49"	14'50'~16'07"	16'08'~17'26"	17'27" 이상
44세이상	13'45" 이내	13'46"~15'05"	15'06"~16'26"	16'27"~17'46"	17'47" 이상

3 뜀걸음(행군)

가. 정 의

뜀걸음은 1보에 약 60~90cm로 매분 약 160~180보의 속도로 뛰어가는 달리기이며, 행군은 1보에 약 77cm의 폭으로 매분 약 120보의 속도로 걸어가는 행진이다.

나. 중요성

군인의 뜀걸음(행군)은 신체를 수단으로 하는 기동의 한 형태로서 신속한 기동은 기습공격을 가능하게 하고 전투에서의 유혈을 감소시키며, 승리를 보장한다.

특히 우리나라 지형은 오직 장병들의 체력에 의한 뜀걸음이나 행군으로 승패가 결정되는 산악지형으로서 뜀걸음 및 행군의 중요성은 더욱 고조되는 것이다.

다. 훈련의 목적

뜀걸음 및 행군에 대한 교육훈련을 통해서 지휘자 자신은 물론 피교육자의 뜀걸음(행군)능력을 향상시키고, 아울러 강인한 전투체력을 육성시켜 유사시에 반드시 승리할 수 있도록 하는 것이 교육의 목적이다.

상기와 같은 중요성 및 교육의 목적아래 지휘자들은 뜀걸음 및 행군을 어떻게 행진시키고 교육과 훈련을 시켜야 되는지 부단한 노력과 연구가 필요하다.

라. 뜀걸음(행군)의 진행

1) 출발전

출발 1~2시간 전에 당분류(설탕물, 포도당, 꿀물, 사탕 등)를 섭취하면 체력유지나 피로회복에 효과가 있다. 그 이유는 당분류는 섭취 후 1~2시간 후면 운동에 필요한 energy로 사용되기 때문이다.

2) 뜀걸음(행군) 요령의 교육 및 숙달

(가) 자 세

① 몸의 경사각도

허리를 굽히지 않은 상태로 약 10~15° 굽혀서 몸의 중심을 전방에 두고 달려야 한다. 이때 몸의 경사각이 10~15° 보다 클 경우 넘어지지 않기 위해 발을 빨리 전진시켜야 하므로 속도는 빨라지지만 energy의 소모가 커서 쉬 지친다. 반면 10~15° 보다 작을 경우에는 불필요한 심리적 긴장이 커지고 공기의 저항이 커지므로 쉬 지쳐서 뜀걸음으로나 행군에 큰 영향을 미친다.

② 머 리

"머리는 신체의 운전대다." 성인의 머리 무게는 체중의 약 1/14로 머리의 움직임은 신체의 움직임에 큰 영향을 주게 되므로 장거리 뜀걸음 및 행군 시에 불필요한 머리동작(흔듦, 돌림 등)은 다량의 energy 소모로 큰 영향을 준다. 따라서 머리는 양 어깨와 나란하고 자연스럽게 위치해야 한다.

③ 팔의 동작

팔 전체 힘을 뺀 상태로 자연스럽게 흔들며, 특히 결승지점에서는 빠르고 강하게 흔들어 줌으로써 더욱 빨리 달릴 수가 있다. 모양은 가급적 "L"자나 "V"자형을 유지하면서 달린다.

④ 다리의 동작

발바닥은 소리가 나지 않게 거의 수평을 유지해서 착지하고 발은 땅에 끌리지 않을 정도로 올리면서 달림으로써 energy 소모를 최대로 줄일 수 있다.

(나) 호흡 방법

① 入 : 出의 비율은 2 : 2식(4박), 3 : 3식(6박), 그리고 4 : 4식(8박) 등이 있다.

② 처음부터 끝까지 ①의 방식 중 한 개의 방식으로 계속하는 호흡법과 상황에 따라 즉 힘들 때는 2 : 2식으로 좀 쉬울 때는 4 : 4식으로 하는 등의 방법이 있다.

③ 입시에는 코로, 출시에는 입으로 하는 방법도 있지만 운동 중에는 사용되는 각 근조직에 필요한 O_2를 충분히 공급시켜야 한다. 그러므로 입과 코로써 동시에 최대한으로 호흡하는 것이 좋다.

④ 속도와 박자에 맞추어서 규칙적으로 실시해야 한다.

3) 복장 및 건강상태 확인

복장은 몸에 잘 맞아야 하고 특히 전투화와 철모는 평상시 익숙한 것을 착용하여야 하고, 고혈압 및 빈혈환자들은 군의관의 진단에 따라 신중하게 처리한다.

4) 정신교육

뜀걸음 중 발생하는 생리현상과 각종 사고에 대해서 철저한 교육과, 목표달성과 임무완수에 대한 공정하고 철저한 상 · 벌제도의 실시 등으로 뜀걸음(행군)에 대한 동기 유발과 자신감을 준다.

5) 준비운동

출발 30~40분 전에 약 20분간의 준비운동을 한다.

먼저 국군도수체조를 1회 실시한 후 근육과 근의 이완 및 원활성을 목적으로 보강체조와 스트레칭체조를 실시하고, 약 1km 정도의 거리를 속보, 조깅 그리고 전력뜀걸음을 해준 다음 국군도수체조를 1회하고 출발 직전까지 체온유지(겨울철)를 해주어야 한다.

6) 병력 정렬방법

키가 작은 순서대로 정렬시키고 뜀걸음이나 행군에 미숙한 자는 앞에 위치시킨다. 그리고 뜀걸음(행군)을 아주 잘하는 피교육자 1~2명을 제일 앞에 위치시켜 시간 및 속도를 조정토록 한다.

7) 뜀걸음 인솔요령

(가) 뜀걸음 대형(건제단위)으로 집합 후 환자 및 열외자 확인

(나) 뜀걸음 코스 지시 및 인솔자 제대의 2/3지점 위치

(다) 요령 : 뛰어! → 뛰어자세(전인원) → 가! → 제자리, 제자리에 서! → 정리운동 → 부대차렷! 헤쳐! 또는 이후 임무부여

※ 뜀걸음 인솔 간 호각, 번호, 군가를 병행하여 인솔한다.

※ 뜀걸음 후 반드시 정리운동 실시(숨쉬기 운동, 스트레칭 등)

(라) 뜀걸음시 군가지휘요령

정지에서 뜀걸음 시	뜀걸음 간
① 뜀걸음과 동시에 군가를 실시한다! ② 군가는 ○○○ ③ 요령은 ○○ (비무장 시 차려자세와 동일) ④ 뛰어! (앗!) ⑤ 가! (동령에 뜀걸음과 동시에 군가 실시)	① 뜀걸음 간에 군가를 실시한다! ② 군가는 ○○○ ③ 요령은 ○○ (비무장 시 차려자세와 동일) ④ 군가시작!, 하나, 둘, 셋, 넷!

(마) 호각 사용요령

① 사용시기 : 행진 및 뜀걸음 인솔 간/각종 체조 시

※ 일일 단위로 인솔자를 교대하여 모든 인원이 숙달하도록 기회를 부여한다.

② 사용요령 : 호각의 홈에 혀끝을 대고 호각을 불 때 혀를 떼고 곧바로 혀를 홈에 갖다 대어 신호의 끊고 맺음을 명확히 한다.

③ 호각 신호법

구 분	체조시	행진시
내 용	삑!삑!삑!	삑! 삑! 삐~빅삑!
	삑!삐~비!	삑!삑! 비~삑! 삐~비~삑!
	삐~비삑!	삐~비빅! 삐~비빅! 삐~비~빅!
	비~비빅비!	비~비빅비 비~비빅비 비~비~빅!
	삑비!삑비! 삐~	삐빅비비! 삐빅비비!
	삐!~빅비!	삑! 삑! 삐~비삑!

8) 출발 → 골인

(가) 출발 후 지휘자는 대열을 한눈에 볼 수 있는 곳(후미 좌측 $\frac{1}{3}$ 지점)에 위치하여 선두 주자와 시간 및 속도를 조정한다.

(나) 사점(dead point)

① 사점이란 마라톤이나 장거리 뜀걸음과 같은 힘든 운동을 계속할 때 운동을 시작한 때로부터 일정한 시간이 지나면 호흡이 곤란해지고 고통스러워서 운동을 그만두고 싶은 충동을 느끼게 되는데 이런 현상(그 시점)을 말한다.

② 발생이유

운동개시 직후에는 아직 호흡 · 순환 기능이 운동에 사용되는 근조직에 필요한 만큼의 O_2를 공급해 주지 못하여 O_2의 결핍상태가 되기 때문이다.

③ 증 상

㉮ 호흡, 맥박이 빠르고 불규칙하다.

㉯ 가슴이 답답하고 근육에 통증이 온다.

㉰ 간헐적인 복통이 온다.

(다) Second Wind

Second Wind란 사점발생 후 운동을 계속함에도 불구하고 호흡곤란이나 고통이 없어지고 가볍게 운동을 지속할 수 있는 시기가 오는데 이런 현상을 말한다.

① 발생이유

신체의 모든 기능이 그 운동에 적응하여 근조직에 충분한 O_2를 공급해 주고 체내의 모든 대사 작용이 활발해지기 때문이다.

② 증 상

㉮ 호흡 · 맥박의 회복

㉯ 가슴이 시원하고 근육의 통증이 멎음

㉰ 체온의 상승 후 발한

(라) D.P → S.W 직후까지의 극복방법

① 강인한 정신력 배양

② 강인한 체력 육성

③ 계속적인 훈련(D.P와 S.W를 자신이 스스로 알 수 있도록)실시

(마) 경 련

① 경련이란 근(섬유질)이 수축되어 이완되지 않는 상태이다.

② 발생이유

㉮ 준비운동 부족

㉯ 단계적 운동의 미실시

㉰ 전해질 및 포도당의 과다 손실

③ 처치법

㉮ 환자 안정시킴 → ㉯ 경련부위 주위로부터 서서히 마사지 실시 → ㉰ 현기증, 헛소리, 졸도환자는(경련을 동반) 마사지를 해주면서 소금물(0.2~0.3%)이나 포도당(5~10%)을 공급해준다.

(바) 오르막(내리막) 길에서의 자세

오르막에서는 좀 더 숙이되 보폭을 좁게 하고 내리막에서는 몸을 좀 세우고 보폭을 넓게 하여 다리를 쭉쭉 앞으로 내디딘다.

내리막에서 특히 주의해야 할 사항은 체력안배와 지금까지의 pace의 균형을 계속 유지하여야 한다.

(사) 바람 불 때의 자세

속도에 영향을 줄 정도의 바람이 앞에서 불 때는 몸을 좀 숙여서 저항을 최소로 줄여야하고, 뒤에서 불 때는 바람을 최대로 이용하면서 달려야 한다.

(아) 탈수현상

① 발생이유: 갑작스런 다량의 수분과 염분의 소실

② 증 상

㉮ 내적 증상 : 전해질의 균형 파괴, 혈액 농축상태

㉯ 외적 증상 : 심한 갈증, 타액의 끈끈한 상태, 신경질, 불쾌감, 경련, 허탈, 체력

감퇴 등

③ 처치법 : 환자 안정 후 소금물(0.2~0.3%) 공급

(자) 염분 섭취

① 섭취 이유 : 체내 염분량의 균형을 유지키 위함

② 섭취 시기 : 탈수현상 이상의 경우만 섭취

③ 섭취 방법 및 섭취량

땀은 0.2~0.3%의 소금물이므로 땀과 같은 소금물을 섭취하되 발한량 만큼 먹는 것이 가장 이상적이다(갈증시마다 조금씩).

(차) 골인(500~600m) 전 지도자의 지휘방법

심리적으로 골인 전 약 500~600m 지점에서는 긴장이 풀리거나 정신이 이완되기 쉽다. 따라서 낙오와 사고가 많이 발생하게 된다.

이 때 지휘자는 ① 함성을 지르게 한다. ② 강인한 정신력을 발휘할 수 있도록 동기 유발을 시킨다. 즉, 적이 뒤쫓고 있다. 낙오하면 죽는다. 또는 자신과의 싸움에서 지는 자는 영원한 낙오자가 된다는 등의 말을 외치면서 대열을 유지 및 lead해 나간다.

(카) Heart Stroke(심장마비)

① 발생이유

심한 탈수 → 체액 감소 → 혈액량 감소 → 심장기능 저하 → 심장마비 발생

② 처치법

㉮ 구급차 호출

㉯ 환자 확인 호흡(○) → 가장 편한 자세로 뉘여 놓고 구급차 기다림

호흡(×) → 맥박(○) → 인공호흡 실시

맥박(×) → 심장 마사지 실시

마. 뜀걸음(행군)의 향상방안

피교육자의 뜀걸음 및 행군능력을 향상시키는 방안으로서는 앞에서 이미 설명한 뜀걸음요령의 숙달과 뜀걸음 중 발생하는 생리현상, 사고 및 처치법에 대한 지식의 숙지를 들 수 있다.

1) 기초체력의 향상

(가) 서킷 트레이닝(Circuit training)

(나) 실시방법

① 운동종목 : 8가지(1set)를 선택하여 순서에 의하여 3set를 휴식 없이 실시

② 운동량 : 각 종목 최대 횟수의 1/2 횟수

③ 운동시간 : 15~30분

④ 운동 빈도 : 매일 실시함이 기초체력 향상에 제일 효과적이다.

※ 지휘자는 상기한 방법을 기초로 하여 피교육자의 수준을 정확히 판단하여 그에 알맞는 훈련계획 및 철저한 교육으로 기초체력을 향상시켜야 할 것이다.

2) 전신 지구력의 향상

속전속결을 요구하는 현대전에 있어서는 speed를 겸비한 지구력이 무엇보다도 필요한 것인데 이 speed를 겸비한 지구력 즉, 전신지구력을 향상시키기 위해서는 여러 가지 방법이 있지만 가장 효과적인 훈련은 interval training이다.

(가) 인터벌 트레이닝(Interval training)

이 interval training은 speed를 겸비한 지구력 즉, 전신지구력 강화를 목표로 해서 운동 부하와 불완전 휴식을 교대로 실시하는 training 방법이다.

(나) 트레이닝 실시방법

① 운동거리: 50~400m(이상적 훈련 거리 200m)

② 운동속도: 운동 부하 후 즉시 맥박수는 180회/1분이 적당

③ Interval: 45~90초간 동적 휴식(속보나 jogging)

④ 운동시간: 15~30분

⑤ 운동횟수: 7~15회

(다) 트레이닝의 실례

① 조 · 석 뜀걸음

㉮ 거리 : 2km

㉯ 준비 : 줄넘기, 타올

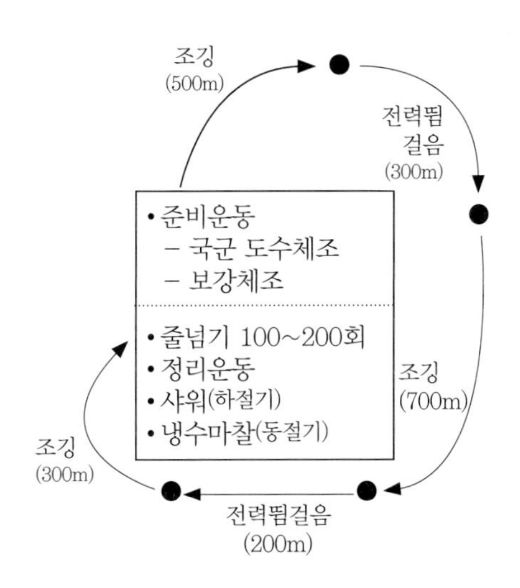

② Interval training

㉮ 호루라기 1회 : 전력질주(주어진 거리)

㉯ 호루라기 2회 : 조깅(주어진 거리)

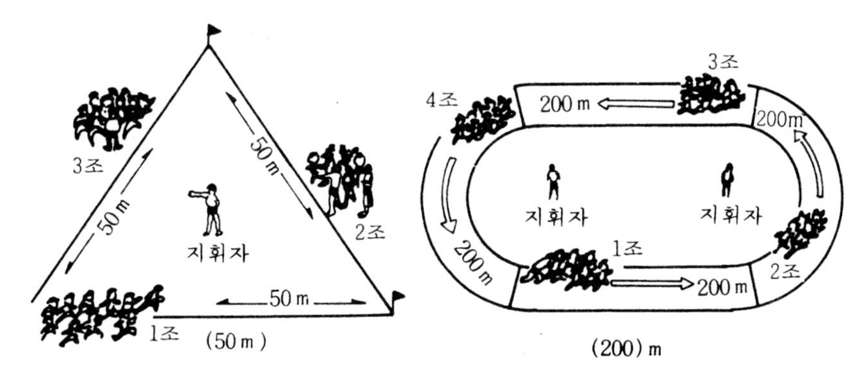

3) 강인한 정신력의 배양

(가) 체육교육을 통한 정신력 배양

우리 군에서 필요로 하는 정신력은 용기, 투지(의지)력, 책임감, 명예심, 희생정신 등으로서 이러한 것들은 체육교육 과정에서 보다 쉽게 배양된다고 보는데 특히 경쟁 성격을 띤 단체운동(격구, 축구, 농구, 배구 등)이야말로 강력한 응집력과 강인한 정신력을 배양시키는 것이다.

북한군이 개인운동보다 집단운동을 더욱 강조하는 이유도 바로 여기에 있다. 따라서 더욱 다양한 단체운동과 전투체육(전투수영, 장애물경주, 목봉, 참호격투 등)으로 강인한 정신력을 배양시켜야 한다.

(나) 사기진작을 통한 정신력 배양

사기란 어떠한 상황에서도 이를 대처해 나갈 수 있는 힘으로서 지휘자는 피교육자들에게 ① 자신 있고 훌륭한 통솔력을 발휘하고, ② 매사를 공정성 있게 처리하고, ③ 후생 및 복지에 대한 최대의 관심을 보이고, ④ 전역 후까지도 관심을 보이는 등 이에 대하여 항상 연구하고 노력함으로써 개인 및 부대의 사기가 올라가고 정신력 배양은 물론 항상 최상의 전투력을 유지할 수 있다.

(나) 자신감 부여를 통한 정신력 배양

"하면 되고, 하면 할 수 있다"라는 교훈 아래 지휘자는 항상 피교육자와 긴밀한 관계를 유지하면서 ① 어렵고 위험한 일에 솔선수범하고, ② 진정한 용기를 보이며, ③ 꾸중보다는 칭찬과 격려를, ④ 안전과 복지에 적극적인 관심을 보일 때 그들은 지휘자를 믿고 따를 것이며, 뜀걸음으로나 행군뿐만 아니라 매사에 자신감을 갖게 되고 따라서 강인한 정신력도 배양되는 것이다.

결론적으로 피교육자들에게 뜀걸음을 보다 잘하게 하기 위해서는 교육의 목적 및 중요성을 확실하게 인식시키고, 뜀걸음자세와 호흡방법을 숙달시키고, 뜀걸음 중 발생하는 생리현상, 사고 및 처치법을 숙지시키며, 환경의 변화에 대처하는 방법 등을 숙지시켜 먼저 뜀걸음에 자신감을 갖도록 해주어야 하며, 아울러 가장 힘든 지점들을 극복할 수 있는 강인한 정신력, 강인한 체력을 향상시키며, 철저한 교육훈련을 실시할 때 반드시 우리가 목적하는 바를 달성할 수 있다.

4 줄 넘 기

가. 개 요

줄넘기는 오늘날 문명의 이기와 물질의 만연으로 인한 운동부족과 각박한 생활 속에서 가장 손쉽게 접할 수 있고 가장 큰 즐거움과 효과를 얻을 수 있는 운동이다. 건강은

고결한 사랑과 깊은 포용력, 그리고 생활의 창조력을 심어주며 항상 맑고 명랑한 사회를 만드는 데 큰 기여를 한다. 줄넘기는 단 5분간의 운동으로 땀을 흘려도 보람이 있고 흥미를 맛보며, 우리의 두뇌에는 청량제 역할을, 그리고 도약의 원동력을 심어 주기도 한다. 줄넘기 운동은 강한 것과 경쾌한 것 양면성을 갖는데, 강한 것은 우리에게 강인한 투지와 용기를 길러 담력과 자신력을 주며, 부드럽고 경쾌한 마음가짐은 호흡 · 순환기능을 활발하게 하여 준다. 곧 줄넘기는 체력과 정신력을 통한 인격형성의 길잡이 역할을 하여 준다.

나. 특 징

줄넘기가 오랫동안 우리의 벗이 되어 왔고 모두의 운동으로 행하여지고 있는 이유는 줄넘기 운동의 대중성과 우수성에 있으며 그의 폭넓은 보급은 다음과 같은 특징에서 알 수 있다.

1) 줄넘기는 남녀노소 누구나 할 수 있다.
2) 줄넘기는 줄만 있으면 언제, 어디서나 할 수 있다.
3) 줄넘기는 신체상의 위험이 따르지 않는다.
4) 줄넘기는 균형 잡힌 신체를 만들 수 있다.
5) 줄넘기는 개인 또는 단체로 할 수 있다.

다. 가 치

1) 줄넘기는 이상적인 체력단련법이다.

줄넘기를 꾸준히 함으로써 지구력, 순발력, 근력 등의 기초체력을 육성할 수 있으며 이처럼 단련된 체력은 곧 건강을 의미하고, 생활 중 어떠한 난관에 부딪쳐도 그를 극복할 힘과 자신감이 생기게 된다.

2) 줄넘기는 이상적인 건강장수법이다.

줄넘기는 누구나 무리없이 할 수 있으며, 운동을 통하여 심장을 비롯한 여러 장기들이 발달됨으로써 호흡, 순환작용 및 소화작용을 촉진시켜 신진대사가 왕성하도록 도와 준다. 따라서 신체 여러 부분의 순조로운 발달과 정신적인 발육으로 모든 질병에 대한 저항력이 생겨 건강한 몸이 형성된다. 또한 줄넘기 기술이 향상되면 될수록 체력 또한 강해져 오래오래 건강한 인생을 영위하게 될 것이다.

3) 줄넘기는 이상적인 정신수양법이다.

정신을 수양하는 데는 줄넘기 운동뿐만 아니라 여러 가지 방법이 있지만 줄넘기를 차분하게 꾸준히 해 나가면 이러한 목적달성을 하는 데 가장 적합한 운동임을 알 수 있을 것이다. 가장 쉬운 운동이면서 단조로운 이 운동을 꾸준히 해 나가면 인내심과 포용력을 배우게 되고, 스텝의 변화로 생활의 리듬을 찾을 수 있으며, 또한 자신의 운동스타일을 창안하여 운동을 실시함으로써 자신만의 개성 있는 창의력도 살려 나갈 수 있다. 이 모든 것이 바로 줄넘기 정신으로, 이 정신은 하루아침에 수양되는 것이 아니며, 오랜 기간을 줄넘기와 벗하면서 생활해 나갈 때 줄넘기의 기술향상은 물론 그에 따른 예절, 용기, 겸양, 염치, 극기 등의 미덕을 닦아 자신의 생애를 더욱 보람 있게 보낼 수 있는 것이다.

라. 줄넘기 방법

1) 올바른 자세 및 호흡방법

① 자 세

사람은 저마다 천태만상의 신체의 조건과 신경조직 그리고 성격을 가지고 있기 때문에 줄넘기 자세의 한 이상적인 패턴은 제시할 수 있을지언정 "이것이 줄넘기 자세의 정도(正道)다"라고 규격화하거나 추종과 모방을 강요할 수는 없다. 다시 말해 줄넘기 자세는 자신의 신체 구조를 최대한 활용해 그에 합당한 도약과 돌림법을 선택하는 것이 가장 이상적이고 완벽한 것이라 할 수 있다. 일반적인 줄넘기의 자세는 다음과 같다.

㉮ 몸을 똑바로 펴고, 머리를 반듯이 든 후 상체를 전방으로 약간 구부린다.

㉯ 시선은 반드시 정면을 향한다.

㉰ 팔의 힘을 빼고 편히 내린 상태에서 줄을 돌리는데 되도록 손목의 힘으로만 돌리도록 한다.

㉱ 도약 시 둔부나 무릎, 발목의 복숭아뼈 등은 느긋하고 푸른한 느낌을 가지고 한다.

㉮ 발은 되도록 앞꿈치만 이용하여 뛰며 탄력과 유연성 증진에 힘쓴다.

② 호흡방법

㉮ 줄넘기 할 때의 호흡은 잠을 잘 때 자연스럽게 무의식 속에서 행해지는 원리처럼 운동 시에도 똑같이 「수면호흡법」을 실시하는 것이 가장 이상적이다.

㉯ 천천히 줄을 넘을 때는 코로만 호흡을 한다.

㉰ 최고속도로 줄을 넘을 때는 입을 최대한 벌려서 호흡을 한다.

㉱ 경우에 따라서는 호흡을 멈춰가며 운동을 하는 것도 효과적이다.

2) 실시요령

줄넘기는 주로 혼자서 실시하지만, 자루함을 없애고 흥미를 돋우기 위하여 변형된 방법을 실시하기도 한다. 줄넘기의 기술과 실시요령은 다음과 같다.

① 앞으로 돌리기

〈실시요령〉

㉮ 앞으로 돌린 줄이 발 가까이 왔을 때 도약해서 넘긴다.

㉯ 어깨와 손목의 힘을 빼고 자연스럽게 돌린다.

② 뒤로 돌리기

〈실시요령〉

㉮ 앞으로 돌리기와 방향만 다르게 돌린다.

㉯ 뒤로 돌릴 때 등을 약간 구부려 상체가 뒤로 쏠리지 않도록 한다.

③ 앞으로 두 번 돌리기

〈실시요령〉

㉮ 줄을 앞으로 빠르게 휘돌려서 한 번 도약한 동작에 연속하여 두 번 앞으로 돌린다.

㉯ 처음에는 동작의 지속성에 역점을 두고 차차 익숙해짐에 따라서 회전속도를 높여 간다.

④ 앞-엇걸어 돌리기

〈실시요령〉

㉮ 앞으로 돌리기와 엇걸어 돌리기의 접합형이다.

㉯ 앞으로 돌린 줄이 머리 위에 올 때 재빨리 양팔을 교차해서 엇걸어 돌림형을 취한다.

㉰ 엇걸어 돌릴 때는 왼 앞 엇걸어, 오른 앞 엇걸어를 교대로 실시해서 운동의 양면성 및 균형성을 맞춘다.

⑤ 뒤-엇걸어 돌리기

〈실시요령〉

㉮ 뒤로 돌리기와 엇걸어 돌리기의 접합형이다.

㉯ 뒤로 돌린 줄이 발밑을 넘어 올라옴과 동시에 양팔을 엇걸어서 뒤로 돌림형을 취한다.

㉰ 엇걸어 돌릴 때는 양팔을 너무 높이 올려서는 안 되며, 가급적 어깨와 손목의 힘을 빼서 돌림을 적고 자연스럽게 한다. 이때 등을 약간 구부려 뒤 돌림 시 상체가 뒤쪽으로 쏠리는 것을 막는다.

㉱ 엇걸어 돌릴 때는 왼 앞 엇걸어, 오른 앞 엇걸어를 교대로 실시한다.

⑥ 엇걸어 앞 돌리기

〈실시요령〉

㉮ 줄을 잡은 채로 양팔을 앞에서 엇걸은 후 돌리며 도약한다.

㉯ 어깨와 손목의 힘을 빼고 돌릴 때는 손목의 탄성을 최대한 이용한다.

㉰ 상체는 약간 구부려 앞 전진형을 취하며, 왼 앞, 오른 앞 엇걸어를 교대로 실시해서 운동의 양면성과 균형성을 맞춘다.

⑦ 엇걸어 뒤 돌리기

〈실시요령〉

㉮ 양팔을 엇걸은 후 뒤로 돌리면서 도약한다.

㉯ 엇걸어 돌릴 때는 양팔을 너무 높이 올리지 말고 가급적 어깨와 손목의 힘을

빼서 돌림을 적고 자연스럽게 한다. 이때 등을 약간 구부려둬 돌림 시 상체가 뒤로 기우는 것을 막는다.

㉰ 엇걸어 돌릴 때는 왼 앞, 오른 앞 엇걸어를 교대로 실시한다.

3) 운동강도

효과적인 운동강도는 자신의 최고맥박수의 70~80%가 되도록 하는 것이다. 줄넘기 운동을 실시하고 난 직후 자신의 맥박수를 측정하여 목표맥박수와 비교한 다음 측정된 맥박수가 목표맥박수보다 적으면 줄넘기의 속도를 빠르게 하거나 운동의 방법을 변화시켜 강도를 강하게 조절하고, 목표맥박수보다 많을 때는 강도를 낮게 조절하여 실시해야 한다. 운동시간은 자신의 체력수준에 따라 결정하여야 하지만 초보자의 경우 처음 일주일은 3분, 다음 주일은 5분 정도씩 운동시간을 점진적으로 늘려가도록 노력한다. 운동 후 1시간 정도가 지나면 피로가 완전히 회복될 수 있도록 하는 것이 바람직하며, 체력이 우수한 사람은 20~30분만에 회복될 수 있는 정도의 운동량과 강도가 적합하다고 할 수 있다. 운동의 빈도는 주당 4~5회 정도로 실시하는 것이 바람직하다.

4) 줄넘기 운동의 프로그램

단 계	줄넘기-휴식 (분당 80회 기준)	총줄넘기 시간 (분)	최고 맥박수	목표 맥박수
1	• 20초 줄넘기, 휴식 10초(6회 반복) • 20초 줄넘기를 2회씩 추가해서 12회 반복할 수 있으면 다음 단계를 실시한다.	2~4		
2	• 30초 줄넘기, 휴식 10초(6회 반복) • 30초 줄넘기를 2회씩 추가해서 12회 반복할 수 있으면 다음 단계를 실시한다.	3~6		
3	• 45초 줄넘기, 휴식 15초(6회 반복) • 45초 줄넘기를 1회씩 추가해서 10회 반복할 수 있으면 다음 단계를 실시한다.	4.5~7.5		
4	• 1분 줄넘기, 휴식 30초(6회 반복) • 1분 줄넘기를 1회씩 추가해서 10회 반복할 수 있으면 다음 단계를 실시한다.	6~10		
5	• 2분 줄넘기, 휴식 30초(4회 반복) • 2분 줄넘기를 1회씩 추가해서 8회 반복할 수 있으면 다음 단계를 실시한다.	8~16		

6	• 3분 줄넘기, 휴식 30초(4회 반복) • 3분 줄넘기를 1회씩 추가해서 8회 반복할 수 있으면 다음 단계를 실시한다.	12~24		
7	• 4분 줄넘기, 휴식 30초(4회 반복) • 4분 줄넘기를 1회씩 추가해서 8회 반복할 수 있으면 다음 단계를 실시한다.	16~22		
8	• 10분 동안 줄넘기를 계속할 수 있도록 노력하라. • 2~3분 휴식하고 계속 반복하여 3회까지 할 수 있도록 노력하라. 이것이 당신의 목표이다.	10~30		

* Bud Getchell, Wayne Anderson의 “Being Fit–a Personal Guide” 인용.
* 줄넘기 속도는 분당 80회를 기준으로 하였는데 최고맥박수와 목표맥박수를 비교하여 강도 조절이 필요할 때는 줄넘기 속도를 적절하게 조절할 수 있다.
* 각 단계에서는 5일을 반복해서 실시하고, 목표가 달성되면 다음 단계를 실시한다.

마. 줄넘기 운동의 유의점

1) 정신적 유의점

① 줄넘기 운동을 가볍게 생각하지 않는다.

② 과욕을 부려서 운동을 하면 안 된다.

③ 운동 후 줄넘기 줄을 정리하고 보관하는 습관을 들인다.

2) 신체적 유의점

① 운동 전

㉮ 운동의 준비물에 만전을 기한다.

㉯ 준비운동을 철저히 실시한다.

② 운동 중

㉮ 줄넘기의 올바른 자세, 호흡방법 및 속도 등을 항시 염두에 두고 운동을 실시한다.

③ 운동 후

시작이 있으면 마무리가 있듯이 줄넘기 운동은 마무리 단계가 좋아야 그날 운동의 보람을 느끼고 다음 날의 운동이 또 기다려지게 되는 것이다. 운동 후 유의점은 여러 관점에서 다음과 같이 생각해 볼 수 있다.

㉮ 운동 후 5~10분 정도의 정리운동을 실시한다.

㉯ 샤워 및 목욕을 실시한다.

㉰ 운동결과에 대해서 반드시 분석 및 평가를 실시한다.

㉱ 가능하면 최대의 휴식 및 수면을 취한다.

3 체력검정

제3절 「체력검정」에서는 체력검정의 개요, 준비, 실시요령, 종목별 향상방법을 상세히 기록하였다.

1 개 요

가. 체력검정이란

국방의 임무를 수행하는 국군의 일원으로서 평소 고도로 단련된 체력단련을 통한 전투준비태세를 강화하기 위해 장병 체력요소들에 대해 주기적으로 평가하는 것이다.

나. 체력검정의 목적

- 장병들의 체력실태(개인, 전체)를 파악하기 위해 실시한다.
- 장병 개개인의 체력향상 및 유지에 도움을 주기 위해 실시한다.
- 전투체육 등 각종 병영체육활동의 효과를 평가한다.
- 군인의 자질 및 적성에 대한 평가, 또는 선발시 근거자료로 획득하기 위해 실시한다.

다. 체력검정 종목별 운동효과

구 분	팔굽혀펴기	윗몸일으키기	오래달리기
효 과	어깨 근육군, 상완 근육군, 전완 근육군	복근군, 허리근육군, 대퇴사두근	심폐기능 및 전신 지구력

* 오래달리기(현역장병: 3km, 군간부선발: 남자 1.5km, 여자 1.2km)

2 체력검정 준비

가. 개인체력 수준파악

1) 체력검정 기준표를 이용하여 자신의 현재 체력수준을 평가한다(근력, 심장기능, 호흡능력, 건강상태 등).
2) 개인의 체력검정은 무리하게 하지 않고 개인능력의 약 80% 수준으로 한다. 이유는 갑작스럽게 신체에 무리를 주면 운동상해를 입을 수 있기 때문이다.
3) 약 80% 수준으로 실시하면 부족한 운동능력이 무엇인지 스스로 확인 가능하다.
4) 발달 및 향상시켜야 할 종목을 선정하여 운동처방을 내린다.

나. 체력검정 보조기구 및 오래달리기 코스 선정

1) 팔굽혀펴기, 윗몸일으키기 종목은 체력검정 부대별로 자체 제작하되 아래 기준을 엄격히 적용
   ① 팔굽혀펴기: 봉의 높이가 지면과 30㎝ 되도록 제작
   ② 윗몸일으키기: 양발을 고정시킬 수 있도록 제작, 지면에 고정 또는 5~10㎝ 높이로 견고하게 제작

2) 오래달리기 : 내리막이 아닌 평지(도로 또는 트랙코스)
   ① 거리계측기에 의한 거리 측정(차량을 활용한 거리 측정 금지)
   ② 부대별 공정성 시비가 없도록 코스 선정

3 체력검정 실시방법

가. 팔굽혀펴기

1) 준비물 : 초시계, 보조기구

2) 실시요령

① 검정관의 "준비" 구령에 따라 보조기구 위에 양손을 어깨넓이로 벌리고 발은 모은 상태에서 보조기구와 팔은 직각, 몸은 수평이 되도록 한다.

② 피검자는 검정관의 "시작" 구령에 따라 머리부터 일직선이 되도록유지한 상태에서 팔을 굽혀 보조기구와 몸(머리~다리)과의 간격이 5㎝ 이내로 유지시켰다 원위치 한다.

3) 주의사항

① 속도는 자유로이 실시한다.

② 검정하는 중에 양발 · 양손을 보조기구로부터 이탈할 수 없다.

③ 검정하는 중에 팔을 굽혔다가 편 간격이 팔 길이의 3/4이상이 되지 않을시 횟수로 인정하지 않는다.

나. 윗몸일으키기

1) 준비물 : 초시계, 보조기구

2) 실시요령

① 검정관의 “준비” 구령에 따라 보조기구에 양발을 고정시키고 다리를 모은 상태에서 직각으로 굽힌 누운 자세에서 양팔을 X자로 가슴 위에 겹치게 하여 두 손은 반대쪽 어깨에 위치한 자세를 유지한다.

② 검정관의 “시작” 구령에 따라 피검자는 복근력만을 이용하여 몸을 일으켜 양 팔꿈치가 무릎에 닿으면 다시 준비자세로 원위치한다.

3) 주의사항

① 속도는 자유로이 실시한다.

② 검정하는 중에 두 손이 어깨에서 내려오거나 양 팔꿈치가 무릎에 닿지 않거나 양쪽 어깨가 보조기구 매트에 닿지 않으면 횟수로 인정하지 않는다.

다. 오래달리기

1) 준비물 : 초시계, 출발신호기, 깃발, 순번표

2) 장 소 : 평지 도로 코스 또는 200~400M 트랙코스

3) 실시요령

① 일정한 그룹을 편성(1개 그룹 20명 이내)하여 출발선에 대기시킨 뒤 출발 검정관이 계측 검정관에게 깃발을 들어 준비상태를 확인한다.

② 출발 검정관이 깃발을 내림과 동시에 출발하고 계측검정관은 초시계 작동을 실시한다.

4) 주의사항

① 검정관은 사전에 정확한 거리를 실측한다.

② 피검자의 건강상태를 확인하며, 실시간 안전 주의사항을 교육한다.

③ 군의관(의사) 및 구급차량을 대기 우발사태에 대비한다.

4 체력검정 종목별 향상방법

가. 팔굽혀펴기

1) 종목운동을 통한 방법

① 방 식: 점진적 부하방식

② 절 차: 현 자신의 등급측정→3개월 목표등급 설정→주 단위 향상치 환산

③ 훈 련: 매일 반복연습 후, 주 단위 목표 달성 여부 체크

④ 목표수정: 3개월 단위 목포 달성 시 등급상향, 환산 / 미달성시 이전 훈련 계속 수행

※ 21세 남자 현역 기준(예)

현재본인최고기록	현재등급	목 표	훈련 적응(기간고려)
36개	불합격	3급(48~55개)	36+(1주 1개씩, 월 4개×3월)=48개 *12개 향상 시 목표 달성
		2급(56~63개)	36+(1주 2개씩, 월 8개×3월)=60개 *24개 향상 시 목표 달성

2) 보조운동을 통한 방법

① 운동종류: 처음에는 자기 체중을 이용한 운동 실시, 운동이 쉽게 느껴지면 점차적으로 기구를 이용한 운동종목 추가

㉮ 체중을 이용한 운동: 책상 짚고 팔굽혀펴기, 무릎대고 팔굽혀펴기 등

㉯ 기구를 이용한 운동: 벤치프레스, 디핑 등

② 보조운동

중량(RM)	반복(회)	세트(set)	동작간 휴식(초)	세트간 휴식(초)
본인체중, 벤치 12~15	12~15	3~5	60~120	120~180
•벤치프레스는 12~15회 간신히 들어 올리는 중량 사용 •㉮-㉯, ㉯-㉰-㉱ 등 본인에 맞는 2~3종의 운동 선택 •세트마다 반복횟수 1~2회씩 증가				

㉮ 책상 짚고 팔굽혀펴기

- 팔굽혀펴기 연습을 사무실 등에서 손쉽게 할 수 있는 방법으로 팔 힘이 약한 사람이나 여성들에게 적합하며, 12~20회 반복실시
- 점차적으로 세트당 반복횟수 증가시켜 실시하며, 쉬워지면 높이가 보다 낮은 소파 등으로 이동함

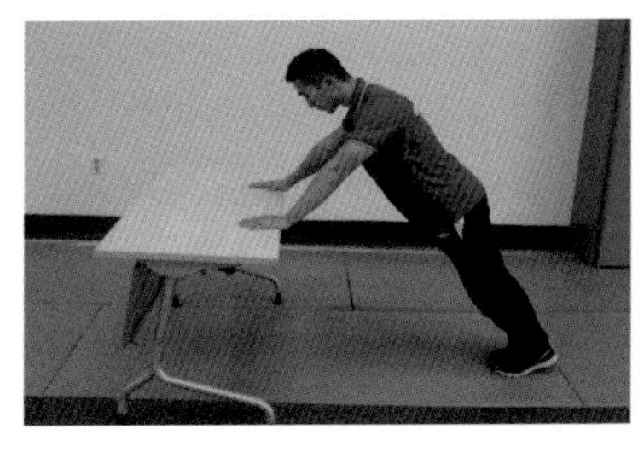 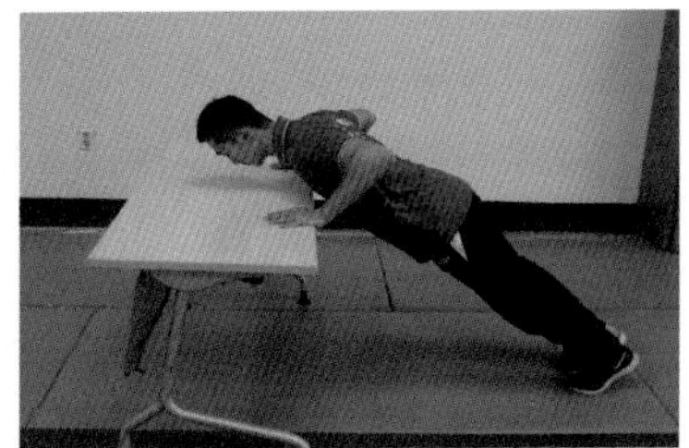

㉯ 무릎대고 팔굽혀펴기

- 여성에게 권장되는 운동으로 팔굽혀펴기 실시요령과 동일하나, 지면에 무릎을 대고 실시하는 것이 다름. 12~20회 반복실시
- 운동에 익숙해지면, 점차적으로 세트당 반복횟수를 증가시켜 실시

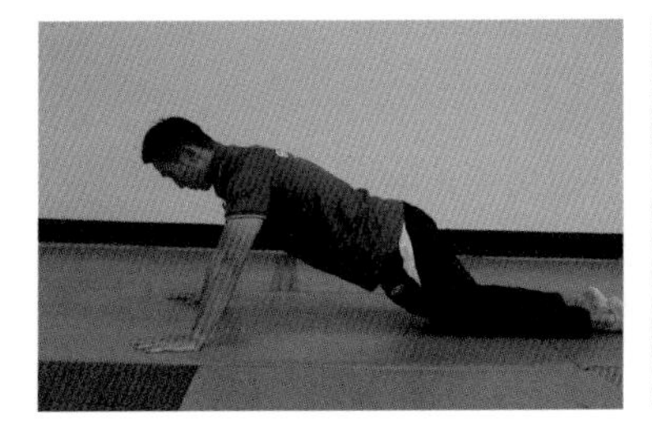 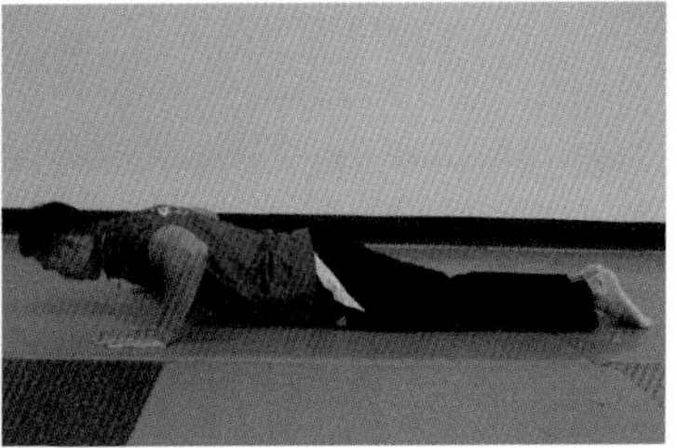

㉰ 벤치프레스

- 자신이 들 수 있는 최대무게의 약 50~70% 수준의 무게에서 시작, 12~20회 반복실시, 호흡은 바벨을 내릴 때 들이마시고, 올릴 때 내쉼.
- 운동에 익숙해지면, 점차적으로 세트당 반복횟수나 무게 증가

㉱ 디핑(Dipping)

- 디핑 바 외에도 평행봉 또는 사무실 책상을 양쪽에 놓고 운동, 몸이 수직으로 상하운동할 수 있도록 팔을 굽혔다 펴줌. 12~20회 반복실시
- 숙달되면 점차적으로 반복횟수 증가

3) 팔굽혀펴기와 윗몸일으키기를 잘하기 위한 팁(tip)

① 운동의 종류: 팔굽혀펴기, 윗몸일으키기 각각의 보조운동 4종

② 운동강도: 낮은 부하 및 적은 반복횟수 → 점차적으로 부하 및 반복횟수 증가시킴

③ 세트수: 처음에는 1~2세트 실시하고, 점차로 3세트 이상으로 증가시킴

* 세트(set): 한 번에 12~20회 실시한 반복횟수가 1set임. 휴식이나 다른 부위 운동 후 2set 실시

④ 운동빈도: 일주일에 3회 이상 운동하며, 8~12주 이상 지속토록 함.

4) 근력운동시 주의사항

① 운동전후에 스트레칭을 5~10분 정도 실시해야 함

② 무리한 힘을 가하거나 지나치게 빠른 속도로 운동하는 것은 삼가

③ 고혈압 증세가 있거나 심장에 이상이 있는 경우 과도한 운동 삼가

④ 운동초기에 근육에 알이 배거나 극심한 근육통이 일어난 수 있으나, 운동을 계속하면 다른 의학적 처치 없이도 10일 정도면 적응되어 통증이 없어짐

⑤ **운동효과:** 보통 4주 내의 근력증가는 근육과 인대의 탄력성과 장력의 증가에 의하며, 8주 후에는 의미있는 근력증가가 보이고 12주 후에는 확실한 근육비대와 근력증강이 나타남

나. 윗몸일으키기

1) 종목운동을 통한 방법

① **방 식:** 점진적 부하방식

② **절 차:** 현 자신의 등급측정→3개월 목표등급 설정→주 단위 향상치 환산

③ **훈 련:** 매일 반복 연습 후 주 단위 목표 달성 여부 체크

④ **목표수정:** 3개월 단위 목표 달성 시 등급상향, 환산/미달성시 이전 훈련 계속 수행

※ 21세 남자 현역 기준(예)

현재본인최고기록	현재등급	목 표	훈련 적응(기간고려)
59개	불합격	2급 (70~77개)	59+(1주 1개씩, 월 4개×3월)=71개 *12개 향상 시 목표 달성
		특2급 (86개 이상)	59+(10일 3개씩, 월 9개×3월)=86개 *27개 향상 시 목표 달성

2) 보조운동을 통한 방법

① **운동종류:** 처음에는 자기 체중을 이용한 운동 실시→점차적으로 기구를 이용, 부하를 높인 운동종목 추가

㉮ 체중을 이용한 운동: 다리 들어올리기, 윗몸 젖히기

㉯ 기구를 이용한 운동: 경사면 윗몸일으키기, 부하 윗몸일으키기

② 보조운동

중량(RM)	반복(회)	세트(set)	동작간 휴식(초)	세트간 휴식(초)
본인체중, 벤치 12~15	12~15	3~5	60~120	120~180
•부하 윗몸일으키기는 12~15회 간신히 들어 올리는 중량 사용 • ㉮-㉯, ㉯-㉰-㉱ 등 본인에 맞는 2~3종의 운동 선택 •세트마다 반복횟수 1~2회씩 증가				

㉮ 다리 들어올리기

- 바닥에 다리는 편 상태로 누워, 양발을 모아 위 아래로 다리를 수직으로 올렸다 내리는(지면에서 5cm) 동작을 12~20회 반복
- 보조자의 다리나 지지봉, 고정된 물체를 잡고 실시하면 효과적임
- 복근이 약한 사람의 경우, 처음에는 무릎을 굽혀 올리도록 함

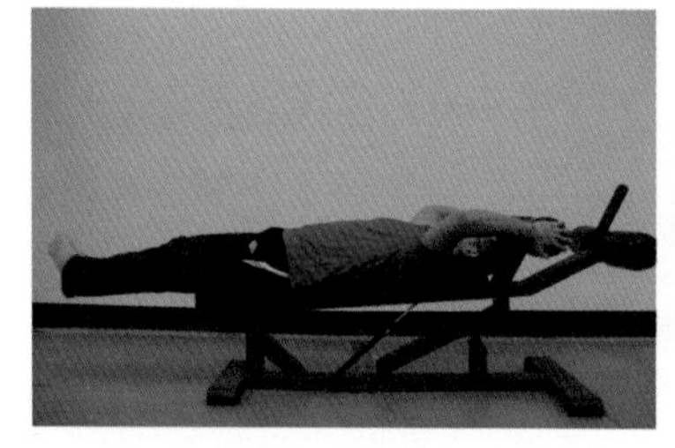
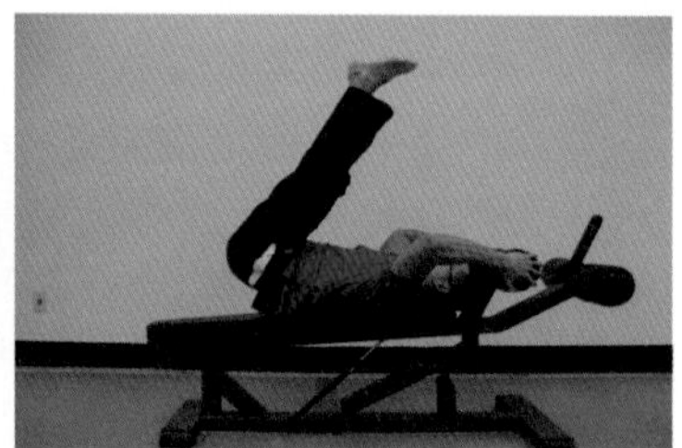

㉯ 윗몸 젖히기

- 엎드린 상태로 양손을 열중 쉬어자세로 허리에 위치시킴
- 다리는 보조자 또는 기구에 고정시키고 상체를 뒤로 일으켜 세우는 동작을 12~20회 반복실시

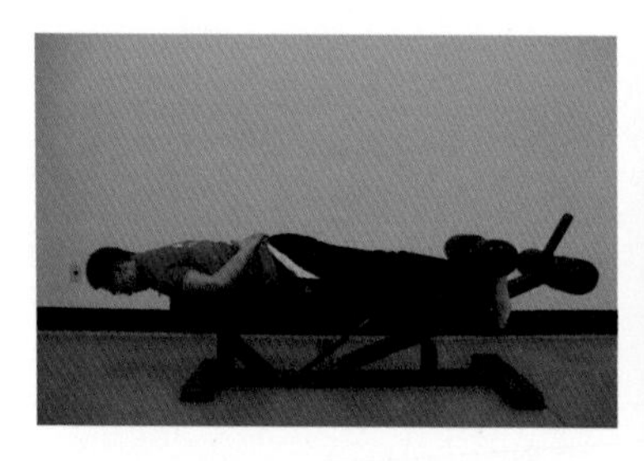
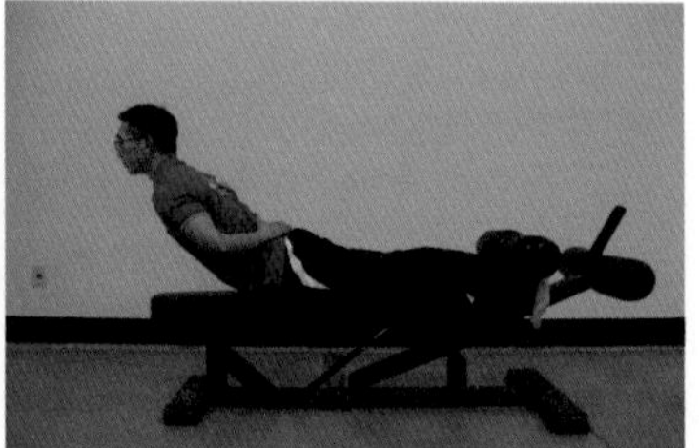

㉰ 경사면 윗몸일으키기

- 실시요령은 윗몸일으키기와 동일
- 복근의 힘으로 상체를 일으킨 후, 고개를 당겨 12~20회 반복실시
- 기구가 없을 경우, 경사지에 매트를 깔고 보조자의 다리로 실시자의 다디를 걸어 발목을 단단히 손으로 잡고 실시토록 함

㉱ 부하 윗몸일으키기

- 샌드백을 목에 두르거나 바벨판을 목 아래 부위에 잡고 일으키기 실시
- 복근이 어느 정도 단련된 후에 실시, 무게는 5kg으로부터 조금씩 올림
- 반복횟수는 12~20회로 낮추도록 하며 목이 다치지 않도록 주의할 것

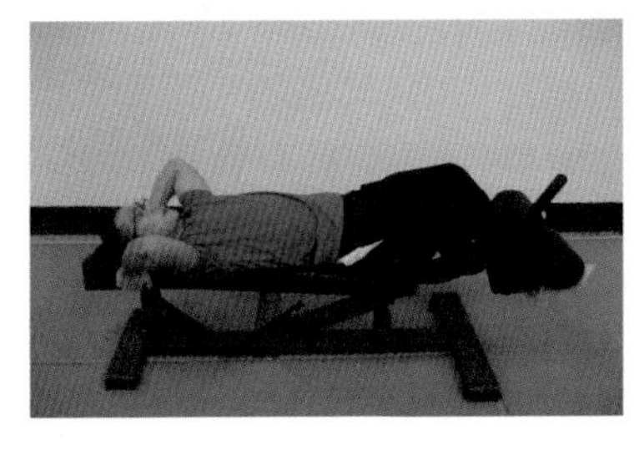 

다. 오래달리기

1) 종목운동을 통한 방법

① 방　식: 점진적 부하방식

② 절　차: 현 자신의 등급측정→3개월 목표등급 설정→주 단위 향상치 환산

③ 훈　련: 매일 반복연습 후 주 단위 목표 달성 여부 체크

④ **목표수정:** 3개월 단위 목포 달성 시 등급상향, 환산/미달성시 이전 훈련 계속 수행

㉮ 현역장병(3km 달리기)

※ 21세 남자 현역 기준(예)

현재본인최고기록	현재등급	목 표	훈련 적응(기간고려)
17분 35초	불합격	3급 (14'35"~15'36")	17분 35초-(1일 2초×월 20일×3월) =15분 35초(120초 향상 시 목표 달성)
		2급 (13'33"~14'34")	17분 35초-(1일 4초×월 20일×3월) =13분 35초(240초 향상 시 목표 달성)

㉯ 군간부 선발시(1.5km 기준)

현재본인기록	현재등급	목 표	훈련 적응(기간고려)
9분 5초	불합격	6급 (6'58"~7'07")	9분 5초-(1일 2초×월 20일×3월) =7분 5초(120초 향상 시 목표 달성)
		1급 (6'08" 이내)	9분 5초-(1일 3초×월 20일×3월) =6분 5초(180초 향상 시 목표 달성)

⑤ **운동강도:** 자신의 최대 운동능력의 50~80% 수준에서 결정, 초반에는 운동 중 간단한 대화 가능, 후반 점차적으로 숨이 차는 강도

2) 목표기록을 통한 방법(현역장병)

① 운동강도

자신의 최대 운동능력의 50~80% 수준에서 결정. 이 강도는 초반 운동 중 옆 사람과 짧은 대화가 가능하며, 후반 숨이 찰 정도 임, 준비운동과 정리운동을 제외한 본 운동시간을 20~30분간 실시

② 운동빈도

주당 3회 이상의 운동을 실시해야 심폐지구력의 향상을 기대할 수 있음, 수준이 높은 사람의 일주일 운동횟수: 5~6일

③ 주차별 3km 목표기록(남자)

※ 단위:분

구 분	초기단계				증진단계				유지단계			
등급수준	불합격				3급, 2급				1급, 특급			
주차	1	2	3	4	5	6	7	8	9	10	11	12
20~ 30세	18.5 ~18.0	18.0 ~17.5	17.5 ~17.0	17.0 ~16.5	16.5 ~16.0	16.0 ~15.5	15.5 ~15.0	15.0 ~14.5	14.5 ~14.0	14.0 ~13.5	13.5 ~13.0	13.0 ~12.5
31~ 40세	19.5 ~19.0	19.0 ~18.5	18.5 ~18.0	18.0 ~17.5	17.5 ~17.0	17.0 ~16.5	16.5 ~16.0	16.0 ~15.5	15.3 ~14.7	14.5 ~14.0	14.0 ~13.5	13.5 13.0
41~ 49세	21.0 ~20.5	20.5 ~20.0	20.0 ~19.5	19.5 ~19.0	19.0 ~18.5	18.3 ~17.5	17.5 ~17.0	16.7 ~16.0	16.0 ~15.5	15.5 ~15.0	14.7 ~14.3	14.0 ~13.5
50~ 55세	22.5 ~22.0	22.0 ~21.3	21.0 ~20.5	20.5 ~20.0	20.0 ~19.5	19.5 ~18.5	18.5 ~18.0	18.0 ~17.3	17.0 ~16.5	16.3 ~15.7	15.5 ~15.0	147 ~14.3
56~ 60세	25.0 ~24.0	24.0 ~23.5	23.5 ~22.5	22.5 ~22.0	22.0 ~21.0	21.0 ~20.0	20.0 ~19.3	19.3 ~18.3	18.3 ~17.7	17.7 ~16.7	16.7 ~16.0	16.0 ~15.3

※ 군무원(남)의 경우 위 프로그램에 약 1.5분을 더하면 됨

③ 주차별 3km 목표기록(여자)

※ 단위:분

구 분	초기단계				증진단계				유지단계			
등급수준	불합격				3급, 2급				1급, 특급			
주차	1	2	3	4	5	6	7	8	9	10	11	12
20~ 30세	22.0 ~21.5	21.5 ~21.0	21.0 ~20.5	20.5 ~20.0	20.0 ~19.3	19.3 ~18.7	18.7 ~18.0	18.0 ~17.5	17.5 ~17.0	17.0 ~16.3	16.3 ~15.5	15.5 ~15.0
31~ 40세	24.0 ~23.3	23.3 ~22.5	22.5 ~22.0	22.0 ~21.5	21.5 ~20.5	20.5 ~20.0	20.0 ~19.0	19.0 ~18.5	18.5 ~17.5	17.5 ~17.0	17.0 ~16.0	16.0 ~15.5
41~ 49세	26.0 ~25.3	25.3 ~24.5	24.5 ~23.7	23.7 ~22.7	22.7 ~22.0	22.0 ~21.0	21.0 ~20.0	20.0 ~19.3	19.3 ~18.5	18.5 ~17.7	17.7 ~16.0	16.0 ~15.5
50~ 55세	28.0 ~27.0	27.0 ~26.0	26.0 ~25.0	25.0 ~24.3	24.3 ~23.3	23.3 ~22.3	22.3 ~21.5	21.5 ~20.7	20.7 ~19.5	19.5 ~18.7	18.7 ~17.7	17.7 ~17.0
56~ 60세	30.0 ~29.0	29.0 ~28.0	28.0 ~27.0	27.0 ~26.0	26.0 ~24.7	24.7 ~23.7	23.7 ~23.0	23.0 ~22.0	22.0 ~21.0	21.0 ~20.0	20.0 ~19.0	19.0 ~18.0

※ 군무원(여)의 경우 위 프로그램에 약 2.0분을 더하면 됨

④ 3km 달리기 기록이 불합격인 경우: 해당연령 초기단계부터 시작

3km 달리기 기록이 3, 2급인 경우: 해당연령 증기단계부터 시작

3km 달리기 기록이 1, 특급인 경우: 해당연령 유지단계부터 시작

제3장

경기심판법

제3장 경기심판법

1 축 구

1 경기개요

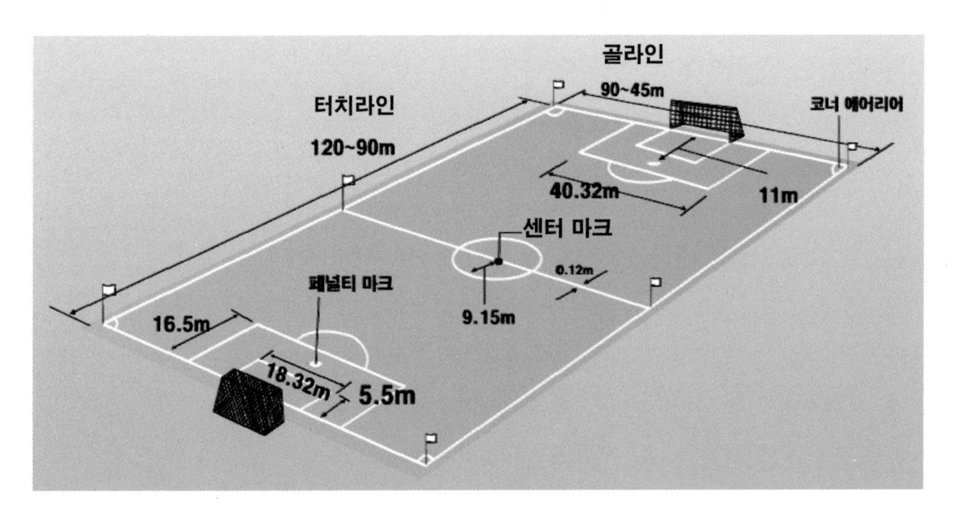

표 3-1 축구 경기개요

단 계	내 용
경기장	• 터치라인(90~120m), 골 라인(45~90m) – 국제축구연맹 규격: 터치라인 105m, 골 라인 68m
사용구	• 재질 : 가죽 또는 알맞은 재질 • 무게 : 410~450g • 압력 : 2.54m 높이에서 바운드하여 1.52~1.65m 튀어야 한다.
복 장	• 포지션 번호가 부착된 셔츠와 팬츠, 축구화, 스타킹, 각종 보호대
경기개시	• 토스에서 이긴 팀에게 진영이나 킥오프의 선택권 부여
선수구성	• 11명(교대선수 3명, 경기규정에 따라 7명까지 가능)
경기시간	• 초등학교(전 · 후반 20분), 중학교(전 · 후반 35분), 고등학교(전 · 후반 40분), 대학교 및 일반(전 · 후반 45분) ※ 대학교 및 일반 연장전: 휴식 없이 전 · 후반 15분
경기의 승패	• 필드골, 페널티킥 등 다득점 한 팀이 승리

2 경기규칙

가. 골키퍼는 자기편이 패스한 공을 페널티 에어리어 내에서 손으로 잡을 수 없다. 만약 손으로 공을 잡게 되면 그 지점에서 간접 프리킥을 당하게 된다.

- 골키퍼도 플레이어가 되어 득점을 할 수 있다.
- 골키퍼는 페널티킥을 당할 경우 골 라인 위에서 양발을 좌우로 움직일 수는 있으나 앞뒤로 움직여서는 안 된다.
- 골키퍼가 킥한 공도 직접 득점이 될 수 있다.

나. 드로우인

- 드로우인에 인하여 직접 골인되어도 득점이 되지 않는다.
- 드로우인을 한 공이 타 선수에게 닿기 전에 드로우인한 선수가 직접 처리할 수 없다.
- 드로우인을 할 경우는 양손을 사용하고 머리 뒤에서부터 머리 위를 지나게 양팔을 펴서 던져야 하며, 지면에서 양발이 떨어져도 안 된다.
- 드로우인을 할 경우는 오프사이드 반칙이 적용되지 않는다.

그림 3-1 드로우인할 경우 발의 바른 위치

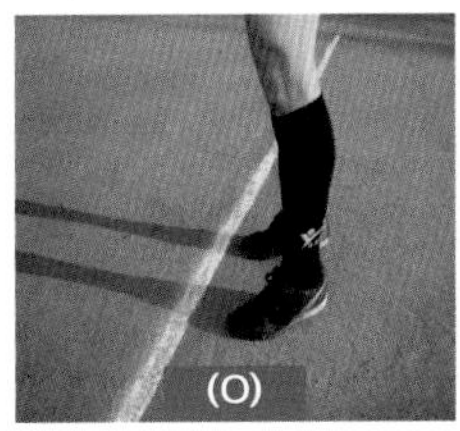

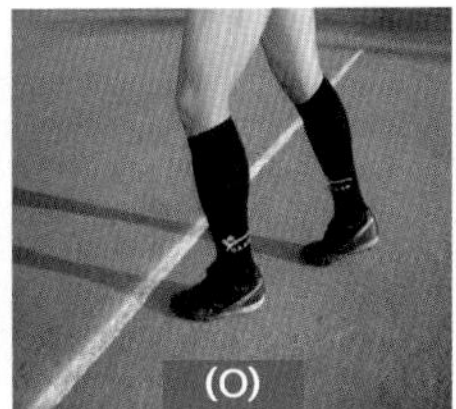

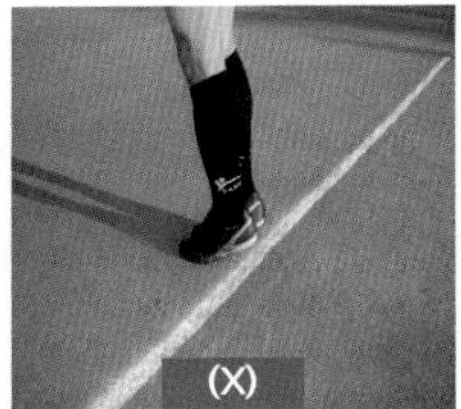

다. 코너킥

- 공이 골라인을 넘었을 경우 상대방 코너에서 프리킥을 준다.
- 코너기를 움직이면 안 되고 코너 서클 안에서 해야 한다.
- 수비자는 9.15m 이내에 접근해서는 안 되며 직접 득점될 수 있다.

라. 골 킥

- 공이 나간 지점에서 가까운 쪽의 골 에어리어 안에 공을 정지시킨 후 페널티 에어리어 밖으로 차 내야 한다.
- 상대편 선수는 페널티 에어리어 안으로 들어가서는 안 된다.
- 골키퍼가 공을 들고 차서는 안 된다.
- 골킥은 오프사이드 반칙이 적용되지 않으며 직접 득점될 수 있다.
- 수비선수는 페널티 에어리어 안에서 공을 받아서는 안 된다.

마. 페널티킥

페널티 에어리어 안에서 일어난 파울 중 직접 프리킥인 경우에 11m 떨어진 페널티 마크에서 슛을 한다.

- 공을 킥하는 선수와 골키퍼를 제외한 다른 모든 선수는 페널티 에어리어 밖으로 나가 있어야 한다.
- 골키퍼는 공이 킥될 때까지 골 라인에서 전 · 후로 움직여서는 안 된다.
- 골인이 되지 않았을 경우 어느 선수라도 그 공을 다시 차서 골인시킬 수 있다.

- 페널티킥을 차는 중에 골키퍼나 수비 선수의 반칙이 있는 경우 그 공이 골인이 되지 않으면 다시 페널티킥을 하고 골인이 되면 그대로 인정한다.

바. 프리킥

경기 중 반칙이 발생하면 간접 프리킥인지 직접 프리킥인지를 즉시 알려야 하며, 수비 선수는 공으로부터 9.15m 떨어져 있어야 하고, 자기 팀 페널티 에어리어 안에서 프리킥을 하는 경우는 페널티 에어리어 밖으로 차 내지 않고 골키퍼에게 직접 패스할 수 없다.

- 골 에어리어 안에서 간접 프리킥에 해당하는 반칙을 범했을 경우에는 골 에어리어 선상에서 간접 프리킥을 행한다.
- 간접 프리킥의 경우에는 직접 골에 들어가도 득점이 안 된다.
- 다음의 경우에는 프리킥을 다시 하게 된다.

  - 반칙이 생긴 지점 이외의 곳에서 프리킥을 한 경우
  - 인 플레이 하기 전에 공을 플레이 했을 경우
  - 공이 정지되어 있지 않은 상태에서 킥을 했을 경우
  - 수비 측이 자기 진영의 페널티 에어리어 안에서 프리킥을 행할 경우 공격 측이 페널티 에어리어 밖으로 나가지 않은 상태에서 플레이 했을 경우

사. 경고를 주게 되는 경우

선수 중 다음의 4개항을 위반했을 경우는 경고를 준다.

- 경기 개시 후 주심의 승인을 받지 않고 경기장으로 들어간다든가, 경기 진행 중에 경기장에서 나왔을 경우(사고에 의한 경우는 제외)
- 거듭 경기 규칙을 위반했을 경우
- 주심의 판정에 언어 또는 행동으로 이의를 표시했을 경우
- 비신사적 행위를 했을 경우

아. 퇴장을 명령하게 되는 경우

선수 중 다음의 3개항을 위반했을 경우는 퇴장을 명령한다.

- 난폭한 행위, 또는 현저한 부정 플레이를 할 경우
- 험구 또는 모욕적인 발언을 했을 경우
- 경고를 받은 후에 다시 부정행위를 범했을 경우

※ 위 사항을 위반했을 경우 선수를 퇴장시키고, 그 지점에서 상대방에게 프리킥을 준다.

자. 직접 프리킥

다음의 9가지 항목을 위반했을 경우는 위반이 발생한 지점에서 상대팀에게 직접 프리킥을 허용하며 직접 프리킥은 직접 득점으로 연결할 수 있다.

- 킥 킹 : 상대를 발로 찼을 경우
- 트리핑 : 상대의 발을 걸어서 넘어뜨렸을 경우
- 점 핑 : 공과 관계없이 상대에게 달려들었을 경우
- 파울 차아징 : 난폭, 또는 위험한 방법으로 상대를 차아징하는 경우
- 백 차아징 : 상대를 등 뒤에서 차아징하는 경우
- 홀 딩 : 상대를 잡는 경우
- 푸 싱 : 상대를 미는 경우
- 핸드링 : 공을 손으로 다루는 행위(단, 고의가 아닌 경우는 제외)
- 난폭하고 위험한 행동이라고 심판이 판정했을 경우

차. 간접 프리킥

선수가 다음의 항목을 위반했을 경우는 상대편 팀에게 간접 프리킥을 주며 직접 득점할 수 없다.

- 주심이 위험하다고 인정한 플레이
- 공과 관계없이 상대방을 차아징하려고 할 경우
- 공을 플레이 하지 않고 고의로 상대방을 방해하는 행위

• 골키퍼가 공을 갖고 고의로 시간을 지연시키는 경우

카. 오프사이드

• 공격팀의 한 선수가 공보다 먼저 상대방 진영에 있고 수비 측 선수 2명 이상이 골 라인과 그 선수 사이에 없을 경우

타. 오프사이드가 아닌 경우

• 오프사이드가 아닌 경우는 골킥, 코너킥, 드로우인, 최후로 상대편 선수가 터치한 공을 잡는 경우(패스실수와 인터셉트)
• 센터라인을 넘지 않았을 경우
• 오프사이드 위치에 있어도 공격하는 팀에 직접 이익이 되지 않는 상황이라고 주심이 판단했을 경우

파. 승부차기

경기 시작하기 전에 5명의 승부차기 선수 명단을 제출한다.
• 순서에 따라 한 선수씩 교대로 5명이 차서 그 득점 합계로 승부를 결정한다.
• 5명이 모두 킥을 한 후에 득점이 무승부일 경우는 5명 이외의 선수 중에서 한 사람씩 교대로 차서 승부를 가린다.

3 심 판 법

가. 심판의 임무

1) 주 심
• 경기규칙 시행의 실시자이며 경기에 관한 모든 일을 판정한다.
• 경기시간을 기록하며 사고나 기타 원인으로 소비한 시간은 그만큼 연장한다.
• 경기장 입장 시부터 경기의 불법행위 또는 비신사적 행동에 대해서 경고 및 시합 참가를 중지시킬 수 있다.

2) 부 심

- 아웃 오브 바운드의 판정을 내린다.
- 코너킥, 골킥, 드로우인의 판정을 내린다.
- 난폭한 플레이나 비신사적 행위가 있을 경우에 주심의 주의를 촉구한다.
- 어떤 문제점에 관해서 주심이 상의하고자 할 경우 의견을 진술한다.
- 오프사이드 반칙을 판정한다.

나. 심판의 핸드시그널

1) 주 심

그림 3-2 주심 핸드시그널

2) 부 심

그림 3-3 부심 핸드시그널

4 기초기술

가. 킥의 종류

1) 인사이드킥

속도와 방향에 변화를 시도하기보다 목표 지점에 정확히 보내고자 할 때에 비교적 가까운 거리와 중거리 패스를 위하여 사용하며 실시요령은 다음과 같다.

- 몸무게를 지탱하는 다리의 무릎을 가볍게 구부려 밸런스를 유지한다.
- 공을 찰 때는 발의 내측이 앞을 향하게 하고 발끝을 약간 위로 향하도록 하여야 한다.

2) 인스텝킥

볼을 찰 때에 발등을 이용하여 공의 속도가 빠르고 강한 공을 찰 때 필요하며 실시요령은 다음과 같다.

- 체중을 지탱하는 발은 가볍게 구부려 몸에 균형을 유지하고 발끝은 보내고자 하는 방향과 일치하도록 하여야 한다.
- 발의 스윙은 허리를 중심으로 킥을 한 후 발의 팔로우 스로우를 자연스럽게 실시하여 볼의 방향이 흐트러지지 않게 하여야 한다.

3) 인 프론트킥

발등 안쪽 부위를 사용하여 볼을 차는 방법으로 운동장을 횡으로 가로지르는 패스나 프리킥, 코너킥 등 멀리 찰 때 사용하며 실시요령은 다음과 같다.

- 몸무게를 지지하는 발의 위치는 볼의 옆 25~30cm 정도 옆에 놓는다.
- 몸무게를 지지하는 발의 바깥쪽으로 약간 상체를 경사지게 하면서 가슴을 펴고 팔은 크게 흔든다.
- 이 때 땅에 부착된 다리의 무릎은 약간 굽혀진 대로 밸런스를 유지하면서 볼을 차는 무릎과 발목은 진동과 함께 앞으로 뻗치며 발끝을 편다.
- 볼의 수직 중심선보다 바깥쪽 부분을 차야 한다는 것과 그것으로 인하여 볼의 진로는 커브를 이루게 된다는 것을 알아야 한다.

나. 트래핑의 일반적 원칙

- 공의 방향 · 성질 · 속도를 정확히 판단한다.
- 재빠르게 이동하여 자기 몸의 정면에서 공을 컨트롤 한다.
- 무릎을 약간 구부리고 신체의 유연성을 이용한다.
- 힘을 빼고 가볍게 끌어당기는 듯한 동작으로 트래핑을 해야 한다.
- 다음 동작과 연결되도록 몸의 중심을 낮추고 공을 주시한다.

다. 트래핑의 종류

1) 발등 트래핑

공중에 있는 공을 발등으로 받아 내리는 듯이 하여 공을 자기 지배하에 놓는 방법인데 정면으로부터 낙하하여 오는 공을 처리할 때 흔히 쓰는 방법이다.

2) 발의 안쪽 트래핑

리바운드 되어지는 공 위에 발의 안쪽 부분과 접촉시켜 튀겨나가는 힘을 제거시켜 공을 자기 지배 하에 넣는 방법이다.

3) 대퇴부 트래핑

무릎과 허리 사이로 오는 공을 트래핑할 때 하는 방법이며 대퇴부위의 내측과 외측을 사용할 수 있다. 발을 높이 올려 하는 트래핑에 비해 동작이 작고 다음 동작으로 이동할 때 재빨리 움직일 수 있는 방법이다.

4) 복부 트래핑

정면에서 낙하하여 리바운드되어 오르는 공을 복부에 접촉시켜 자기 발밑에 놓이도록 컨트롤 하는 방법이다.

5) 가슴 트래핑

가슴 부위를 사용하여 공을 컨트롤 하는 방법으로 공이 가슴에 닿는 순간 가슴을 폈던 자세에서 약간 뒤로 당기는 듯한 동작으로 공을 발 밑으로 떨어뜨리는 방법이다.

라. 헤딩의 종류

1) 스탠딩 헤딩

점프를 하지 않아도 헤딩으로 패스나 슛을 할 수 있을 경우 사용하며 목의 힘뿐만 아니라 허리 위의 상반신의 유연적인 진동을 이용한다.

2) 점프 헤딩

점프를 하면서 가장 높은 곳에서 공을 접촉하는 방법으로 높은 공을 수비 선수보다 먼저 헤딩을 해야 할 경우 사용하며 제자리에서 점프하면서 헤딩을 한다. 다가오는 공을 주시하여 가장 높은 지점에서 공과 접촉하기 때문에 점프력과 공과 접촉하는 타이밍에 주의해야 한다.

3) 다이빙 헤딩

낮은 공을 빠른 속도로 먼저 헤딩을 해야 하는 경우 사용하며 허리를 낮추고 발 구름을 하는 다리에 몸의 중심을 실리면서 상반신을 앞으로 기울도록 하고 몸의 중심을 밑으로 앞으로 이동시키면서 다이빙 자세로 공을 향해 점프하여 헤딩을 한다.

2 풋 살

1 경기개요

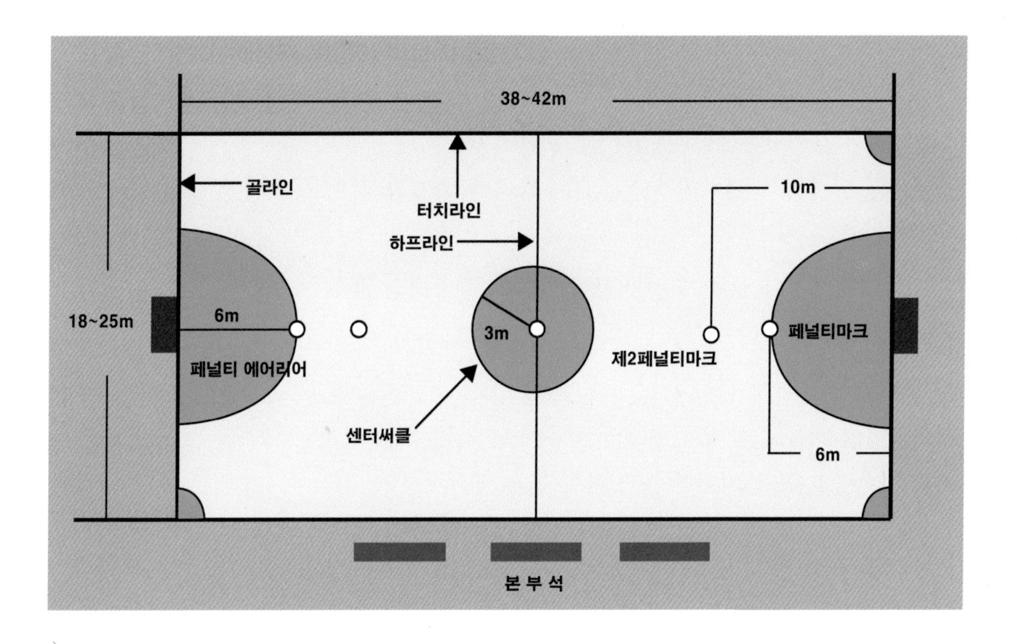

표 3-2 풋살 경기개요

단 계	내 용
경기장	• 터치라인 : 25~45m(국제경기 38~42m) • 골라인 : 15~25m(국제경기 18~22m)
사용구	• 원주 : 62~64cm • 무게 : 390~430g • 압력 : 2m 높이에서 바운드하여 50~65cm 튀어야 한다.
복 장	• 번호가 있는 통일된 셔츠 및 반바지, 양말, 정강이 보호대, 신발 • 골키퍼는 긴 바지의 착용이 가능하고 심판과 다른 선수들과 구분된 복장 착용
경기개시	• 토스에서 이긴 팀에게 진영이나 킥오프의 선택권 부여
선수구성	• 5명(교대선수 7명까지 가능)
경기시간	• 전반 20분/후반 20분 • 전반 후 휴식시간 15분 이하
경기의 승패	• 필드골, 페널티킥 등 다득점한 팀이 승리

2 경기규칙

가. 직접 프리킥, 페널티킥(페널티 에어리어에서 수비 선수의 고의적인 파울일 경우)을 주는 경우

- 상대편을 차거나 차려고 시도했을 경우
- 상대를 걸어서 넘어지게 하는 경우, 다리를 쓰거나 상대 선수의 앞에서 몸을 굽혀 쓰러지게 할 경우
- 뛰어 덤벼들거나 난폭 또는 위험한 행동으로 공격할 경우
- 뒤에서 공격하거나 잡고 밀 경우
- 상대를 어깨로 공격할 경우
- 슬라이딩 태클로 상대 선수나 공을 차거나 차려고 할 경우
- 손이나 팔로 공을 치거나 들고 나를 경우
- 비신사적인 행동을 했을 경우(욕설 및 침을 뱉는 행위 등)

나. 반칙이 일어난 곳에서 간접 프리킥을 할 경우

- 빠른 선수 교체 시 선수가 완전히 경기장 밖으로 나오지 않은 상태에서 경기장 안으로 들어갈 경우
- 심판의 판정에 반대하는 행동이나 항의할 경우
- 비신사적인 행위를 할 경우

※ 페널티 에어리어에서 일어난 경우는 반칙이 일어난 가장 가까운 6m 라인에서 간접 프리킥을 한다.

다. 하프라인에서 상대팀에게 간접 프리킥을 주는 경우

- 골키퍼가 공을 잡고 있을 때 상대선수가 공을 차려고 한다든지 하는 위험한 행동을 할 경우
- 상대 선수와 공 사이에서 뛰거나, 몸으로 상대방을 막는 식의 고의적으로 방해할 경우
- 페널티 에어리어 밖에 나와 있지 않은 골키퍼를 공격할 경우

※골키퍼 행동에 의한 간접 프리킥은 다음과 같다(페널티 에어리어 안에서는 6m 프리킥 적용).

- 자기 팀의 선수가 킥한 공이 바로 패스되었거나 손으로 취급했을 경우
- 공을 4초 이상 손이나 발로 만지거나 조정할 경우
- 공을 던지거나 차서 공이 중앙선을 지났는데 상대편이 공을 건드리지 않은 상태로다시 공을 자기 팀으로부터 돌려받았을 경우

라. 프리킥 시 유의사항

- 골키퍼는 공에서 5m 떨어진 페널티 에어리어 안에 있을 수 있다.
- 수비선수는 공에서 5m 떨어져 있어야 하며 프리킥하는 선수를 막을 수 없다.
- 프리킥을 하는 선수는 득점하려는 의도로 킥을 해야 하며 다른 선수에게 패스할 수 없다.
- 프리킥 후 골키퍼가 터치하거나 골포스트나 크로스바로부터 리바운드되거나 경기장 밖으로 나갈 경우까지 어떤 선수도 공을 터치할 수 없다.

마. 퇴장에 대한 조치

- 퇴장당한 선수는 다시 경기를 할 수 없으며, 벤치에도 앉을 수 없다.
- 퇴장 후 선수가 많은 팀에서 2분 이내 득점을 하면 선수가 적은 팀에서는 한 명의 선수를 채울 수 있다. 그러나 선수가 적은 팀이 득점할 경우 선수 숫자는 변동이 없다.
- 누적된 파울이 5개인 팀은 반칙에 관계없이 직접 프리킥을 주며 선수장벽을 칠 수 있는 반면, 6개의 파울부터는 프리킥 시 선수장벽을 칠 수 없다.

바. 페널티킥

- 골키퍼와 페널티킥을 할 선수를 제외하고 모든 선수들은 페널티 에어리어 바깥쪽, 페널티 마크로부터 5m 밖에 있어야 한다.
- 공의 원주만큼 움직인 후 인 플레이가 된다.
- 골키퍼는 킥이 실행될 경우까지 골포스트 사이의 골 라인에 발을 붙이고 서 있어야 한다.

사. 코너킥

- 코너킥은 정확하게 골라인과 터치라인이 교차되는 교차점에서 킥을 한다.
- 상대팀 선수들은 공의 원주만큼 움직이기 전에는 5m 이내로 접근할 수 없다.
- 코너킥을 하는 선수는 다른 선수가 공을 터치하거나 플레이하기 전에는 재차 공을 찰 수 없으며, 코너킥으로 직접 득점할 수 있다.

3 심 판 법

가. 주심의 임무

- 벌칙을 범한 상대팀에게 어드밴티지를 줄 수 있다.
- 경기 시작 전 · 후반 동안의 모든 사건을 기록하여 보관해야 한다.
- 계시원이 없을 경우 시간을 측정할 수 있다.
- 주심이 경기장에 들어온 순간부터 선수에 대해 경고를 할 수 있고 계속 벌칙을 지속할 경우 퇴장시킬 수 있다.

- 선수가 심각하게 다쳤다고 판단할 경우 경기를 중단시킬 수 있다. 이 경우 될 수 있는 대로 빨리 선수를 경기장 밖으로 내보내고 즉시 경기를 시작한다.
- 경기가 중단되어 다시 시작될 경우 시작하는 신호를 한다.

나. 부심의 임무

- 계시원이 없이 경기가 진행될 경우 퇴장당한 선수의 2분 퇴장시간을 체크한다.
- 빠른 선수교체가 제대로 이루어지는지 확인한다.
- 1분 작전타임을 체크한다.

다. 계시원의 의무

- 경기시간을 확인한다.
- 킥 오프, 킥인, 골 치우기, 코너킥, 프리킥, 첫 번째나 두 번째 패널티 마크로부터의 킥, 작전타임이나 드롭볼의 경우 시간을 계산한다.
- 공이 아웃 오브 플레이될 경우 계측시계를 정지한다.
- 선수가 퇴장당했을 경우 2분 퇴장시간을 계산한다.
- 전반 끝, 경기의 끝, 연장시간의 끝을 휘슬이나 주심이 사용하는 것과 다른 소리가 나는 시그널로 알린다.
- 각 팀의 잔여 작전타임 횟수를 주심과 팀에게 알리고 작전타임 요청 시 허락을 표시한다.
- 심판들에게 받은 각 팀의 전 · 후반 처음 5개의 파울을 기록한다.

3 족 구

1 경기개요

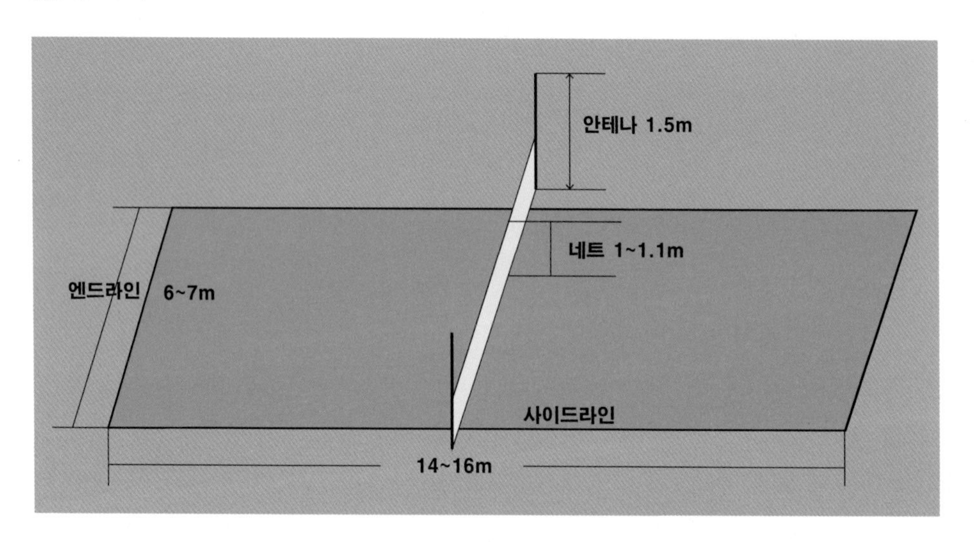

표 3-3 족구 경기개요

단 계	내 용
경기장	• 사이드라인 : 14~16m/엔드라인 : 6~7m • 네트 높이 : 1~1.1m(여성 및 초등학생 : 90cm) • 안테나 높이 : 1.5m
사용구	• 공의 지름 : 200~205mm • 무게 : 330~360g • 압력 : 경기장에서 바운드하여 30% 리바운드되어야 한다.
복 장	• 팀별 통일된 긴소매 또는 반소매 셔츠를 착용하고 하의는 반바지 착용
경기개시	• 토스에서 이긴 팀에게 진영이나 서브의 선택권 부여
선수구성	• 4명(교대선수 3명)
경기의 승패	• 세트당 획득한 점수와 규정된 세트를 많이 승리한 팀이 승리 • 점수는 랠리 포인트를 적용한다.

2 경기규칙

가. 서 브

- 주심의 휘슬 후 5초 이내 해야 하고 지연 시 1회 주의, 2회부터는 팀원 전체가 실점 대상이 된다.
- 신체가 라인에 닿고 서브를 행위할 시에는 실점이다.
- 노-바운드로 해야 하며 바운드 서브 시 실점이다.
- 서브득점은 상대팀 터치가 없을 경우 2득점을 적용한다.
- 서브반칙은 다음 각 항과 같다.

  - 서브제한구역(엔드라인, 사이드라인, 후위 3m) 선에 닿거나 이탈 시
  - 서브 후 공이 네트를 넘지 못할 시
  - 서버가 휘슬 후 공을 팀 내 다른 선수에게 넘기거나 터치한 경우

나. 신체의 허용부분

신체부위 허용부분은 턱 부분 이상 머리와 무릎관절 미만에 한하며 1인 1터치 후 타 선수가 터치할 수 있다.

다. 코트 플레이

코트 플레이는 서브나 공격을 바로 가로막기를 할 수 있고, 바운드 후 네트상단에 공이 위치했을 시 공격 측에 공 점유 우선권을 부여한다(수비 측 터치 시 실점).

라. 선수교체

선수교체 시 주심은 다음 아래의 기준에 의하여 승인한다.

- 세트당 3명 이내에 자유롭게 교체할 수 있다.
- 다음 세트가 시작 시 출전한 선수는 교체로 보지 않는다.
- 환자발생 시 3분 내 휴식을 부여할 수 있으나 3분 후 해당 세트에 4명의 주전 선수 미 구성 시 실격처리한다.

마. 점수운영

각 세트의 최종점수는 15점이며 듀스시는 19점이다.(듀스 진행 시 2점차 경기 종료)

바. 네트터치

네트터치는 신체의(부착물, 복장) 어느 부분이라도 네트에 접촉하였을 시는 네트터치 실점이며 안테나 내측만이 네트이며 이외는 타 물체이다.

사. 터치아웃

터치아웃은 공격 팀의 공격이 유효하여 수비수 터치 후 코트 밖으로 나갔을 시는 터치아웃 실점이다. 또한 코트 밖에서 바운드와 신체가 동시에 접촉 시는 어드밴티지를 적용하여 공격 팀의 득점을 준다.

공이 한 선수의 몸에 연속 2회 이상 접촉하거나 구르는 행위는 드리블이 되며 공이 코트에 2회 이상 바운드 시 실점이 된다.

아. 득 점

득점은 다음 각 항의 기준에 의한다.

- 득점의 행위가 종료 후 공격 등의 동작이 연결되어 파울하였다 하여도 시간차상 득점이 우선하면 득점이며 파울이 우선하면 실점이다.
- 주심의 시작 신호 없이 서브하여 득점하면 노-카운트며 2회부터는 팀 전체 선수가 바로 실점이 된다.
- 서브의 직접공격은 2득점이다. 단 상대팀 유효 터치 후 데드볼 시는 1득점을 적용한다.

자. 체인지코트

체인지코트는 세트종료 시나 최종세트 8점 취득 시 실시한다. 이는 선수 전원이 끝선에 정렬 후 시계 반대 방향으로 반대코트로 이동 끝선에 정렬한다.

차. 선수교체

선수교체 승인 후 5초 이내에 경기가 이뤄져야 하며 지연 시 교체 팀은 주의를 받는다.

카. 작전타임

작전타임은 감독의 요청으로 매 세트 1회 1분 이내 실시할 수 있으며 주심의 승인 하에 이루어진다.

타. 퇴 장

퇴장은 다음 각 항의 경우에 해당되며 다음 한 경기에 출전할 수 없고 교대선수 중 교체하여 잔여경기를 한다.

- 한 경기에 2회 이상 경고시
- 경기에 불응하거나 경기 지연시
- 감정적 비신사적 행위시

파. 실격패

실격패는 다음 각 항의 경우에 적용한다.

- 경기개시 후 5분 이내에 경기복장과 족구화를 미착용했을 경우
- 5분 이내 출전을 안했을 경우
- 경기에 상관없이 5분 이상 지연할 경우
- 경기 도중 기타 사유에 의거 선수 외 소속팀 관계자 등이 집단으로 경기장을 점령하여 경기를 불가능하게 할 경우
- 합의판정 후 항의 및 경기진행 불가능 시
- 한 경기 중 2회 팀 경고 시
- 폭언으로 경기에 지장초래 시
- 경기 중 선수가 4명을 유지할 수 없는 경우

하. 몰수패

몰수패는 다음 각 항의 경우에 적용한다.

- 경기 중 부정선수가 적발되었을 경우
- 대회의 전복, 태업을 조장하는 행위를 했을 경우
- 폭행을 했을 경우

3 심 판 법

가. 심판의 임무

1) 심판의 구성

심판은 주심1, 부(기록)심1, 부심2로 구성한다. 단, 대회장 재량껏 증원, 감원할 수 있으나 최소 2심제 이상 적용하여야 한다.

2) 부심의 임무

부심은 주심의 사각지역을 보좌하며 이는 기록과 네트플레이를 보좌하는 부심, 라인을 보좌하는 부심으로 나눠진다. 이에 주심의 반대편에서 네트플레이 등을 보좌하는 부심은 실점 발생시 주심에게 알리며 라인을 보좌하는 부심은 선에 대하여 인, 아웃을 주심에게 알린다.

나. 심판의 진행순서

심판의 진행순서는 다음과 같다.

- 선수, 임원의 확인절차 후 코트에 임한다.
- 양 팀 선수, 임원과 심판이 본부석에 경례 후 코트체인지 방향으로 상견례시킨 후 네트로 집결시킨다.
- 복장점검 및 기타 주의사항을 전달한다.
- 주장에게 코트 및 공 선택권을 동전 등으로 선택하게 한다.
- 양 팀 선수를 끝 선에 정렬시킨다.
- 심판진도 네트에 정위치한다.
- 주심의 코트 진입신호와 함께 선수들은 코트에 심판은 본인의 위치에 정위치한다.

- 세트종료 시 양 팀 선수를 엔드라인에 일렬로 정렬시킨 후 코트교체를 하고 이동 후 3분 이내에서 주심의 재량껏 휴식을 취하게 할 수 있다.
- 최종세트는 8점 선취 후 코트체인지하고 서브는 득점 팀에서 실시한다.

4 기초기술

가. 서 브

볼을 속도 있고 정확하게 상대방 코트에 차 넘겨 상대방보다 우세하게 경기를 진행하기 위한 기술로서 서브가 좋고 나쁨에 따라 게임 전체에 상당한 영향을 미친다.

1) 서브의 종류

- 안전서브 : 발 안쪽으로 안전하게 차 넘기는 서브
- 강서브 : 발등 부위로 차 넣어 파워와 스피드가 있는 서브
- 회전서브 : 공의 회전을 이용하여 리시브를 혼란스럽게 하는 서브

2) 서브의 연습 방법

- 일정한 구역을 정하고 해당 지점에 바운드되도록 지속적으로 차 넣는다.
- 일직선 및 대각선 방향으로 정확하게 넣는 연습을 한다.
- 벽을 이용하여 목표지점을 표시해 놓고 서서히 거리를 늘리면서 정확도를 연습한다.

나. 리 시 브

강한 서브나 변칙적인 서브를 적절히 리시브하지 못할 경우 다음 공격에 막대한 지장을 주기 때문에 어떠한 서브라도 안전하고 정확하게 받아 원활한 공격을 할 수 있도록 해야 한다.

1) 리시브의 종류

- 머리 리시브 : 볼이 빠르고 가슴 위쪽으로 올 경우 사용

- 발 안쪽 리시브 : 가장 많이 사용하는 안정된 리시브이며 토스 시에도 사용
- 발등 리시브 : 발 안쪽 리시브가 미치지 않아 다리를 펴서 하는 경우가 많은 리시브

2) 리시브의 연습 방법

- 보조자가 던져주면 제자리에서 리시브 연습을 한다.
- 보조자가 방향을 불규칙하게 던져주면 이동하여 리시브를 연습한다.
- 네트를 사이에 두고 주고받는 연습을 한다.

다. 토 스

토스는 2번째 볼을 공격자에게 전달하는 기술로 발 안쪽과 머리로 하는 자세가 가장 많이 사용된다. 세터는 공격자의 특기와 능력을 고려하여 가장 좋은 공을 토스할 수 있도록 항상 생각하고 노력하여야 한다.

1) 토스의 방법

- 머리로 공격하기 위한 토스는 리시브를 높게 토스하여 네트로부터 1~2m 떨어져 있는 공격자가 서서 혹은 점프하여 머리로 공격할 수 있도록 토스하는 방법
- 발로 공격하기 위한 토스는 좌 · 우측으로 이동하여 네트보다 약간 높게 혹은 타원형으로 높게 토스하여 공격자가 점프하여 발등이나 발바닥으로 공격할 수 있도록 토스하는 방법
- 로링 공격을 위한 토스는 네트 가까이에 포물선 모양으로 높게 토스하여 공격자가 뒤로 기울이면서 점프하여 발등이나 발 안쪽으로 공격할 수 있도록 토스하는 방법

2) 토스의 연습 방법

- 좌측에서 좌측으로, 우측에서 우측으로 올려주기
- 네트 가까이(멀리) 올려주기
- 네트를 향해 빠르고 강하면서 낮게 올려주기
- 코너에서 타원으로 높게 올려주기

라. 스파이크

공격을 위한 기술 중 가장 중요한 기술로서 경기의 승패를 좌우하므로 상대 코트에 정확하게 공격할 수 있도록 많은 훈련이 필요하다.

1) 스파이크의 종류

- 발바닥 스파이크 : 태권도의 앞차기와 비슷하지만 발바닥 및 뒤꿈치 쪽으로 킥 함으로써 강력한 공격이 된다.
- 앞돌려 발등차기 스파이크 : 몸의 회전력을 이용하여 뻗은 다리 전체를 아래로 꺾듯이 공을 내려 차는 공격으로 몸은 360° 돌아 공의 방향을 봐야 한다.
- 헤딩 스파이크 : 가슴 위로 오는 볼을 빠르게 공격하거나 토스한 공이 발로 공격하기 어려운 때 실시하는 공격으로 타이밍을 맞추어 강한 공격이 되도록 해야 한다.
- 탭핑 스파이크 : 발바닥으로 가볍게 넘기는 것으로 강한 공격보다는 헤딩 공격과 같이 페인팅 및 보조 공격으로 많이 사용된다.

4 배 구

【6인제】

1 경기개요

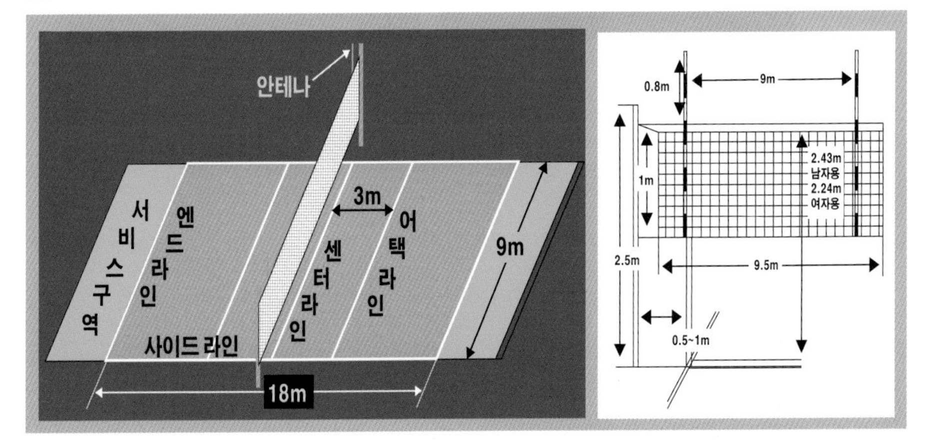

표 3-4 배구 경기개요

단 계	내 용
경기장	• 사이드라인 : 18m/엔드라인 : 6~7m (어택라인: 센터라인에서 3m) • 네트 높이 구 분 / 일반/대학 / 고 교 / 중학교 / 초등학교 남 자 / 2.43m / 2.25m / 2.15m / 2.10m 여 자 / 2.24m / 2.05m / 2.20m / 2.10m
사용구	• 둘레 : 65~67cm • 무게 : 260~280g • 압력 : 400~450g/㎠ – 180cm 높이에서 바운드하여 120~140cm 리바운드되어야 한다.
복 장	• 상의는 통일된 셔츠에 번호를 부착해야 한다. • 하의는 팬츠, 규격화된 배구화, 각종 보호대 착용 가능
경기개시	• 토스에서 이긴 팀에게 진영이나 서브의 선택권 부여
선수구성	• 6명(교대선수 6명)
경기의 승패	• 5세트 중 3세트 선승제(5세트는 15점을 먼저 얻는 팀이 승리) • 랠리 포인트를 적용하며 듀스(24:24)의 경우 연속 2점 선취한 팀이 승리

네트 높이

구 분	일반/대학	고 교	중학교	초등학교
남 자	2.43m	2.25m	2.15m	2.10m
여 자	2.24m	2.05m	2.20m	2.10m

2 경기규칙

가. 공과의 접촉

• 3회까지 공을 접촉할 수 있으나, 블로킹은 회수에 포함되지 않는다.
• 몸 전체로 공을 처리할 수 있다.
• 동일 팀의 2인이 동시에 공에 닿았을 경우에는 2회 터치한 것으로 간주한다.
• 동시에 신체의 두 부위 또는 그 이상의 부위에 공이 닿았을지라도 드리블 반칙이 적용되지 않는다.

나. 선수의 위치

• 서브할 경우 두 팀의 선수는 각각 3명씩 2열로 위치하여 전위 3명, 후위 3명으로 위치한다.

- 심판의 신호에 따라 서브를 하며, 공격을 성공시키면 점수를 얻어 서브와 선수의 로테이션 없이 공격을 계속한다.

그림 3-4 로테이션 순서

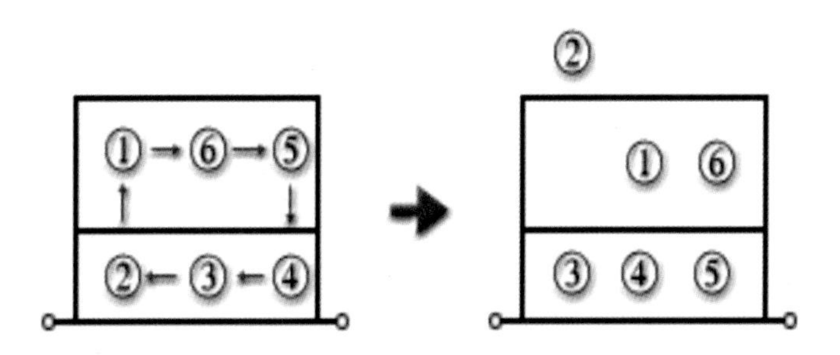

다. 네트에서의 공

상대방 코트로 보낸 공은 네트 상단의 안테나와 안테나의 가상 연장선 사이의 공간 안으로 보내져야 한다.

라. 상대방 코트 침범

- 상대방의 플레이를 방해하지 않는 한, 블로킹에서는 상대방 코트 상공의 공을 네트 너머로 건드릴 수 있다.
- 자기편 코트 위에서 스파이크한 후 공의 반동작용에 의하여 손이 네트 위로 넘어가는 것은 오버 네트의 반칙에 적용되지 않는다.
- 안테나를 포함하여 네트 터치는 금지되어 있다.
- 공이 네트에 떨어졌을 경우 그로 인하여 상대팀 선수가 네트에 접촉되었다면 네트 터치의 반칙이 적용되지 않는다.
- 몸의 어느 부분이 네트 아래의 상대방 공간에 침범했지만 상대방과 접촉이 없었거나 상대편을 방해하지 않았으면 반칙이 아니다.

마. 서 브

- 제1세트와 제5세트의 첫 번째 서브는 토스에 의해서 서브권을 선택한 팀이 먼저 넣는다.
- 서브는 주심이 서브 호각을 분 후 5초 이내에 행해야 한다.

그림 3-5 풋 폴트

바. 서브의 반칙

- 엔드라인을 밟거나 코트에 들어가는 경우나 사이드라인 연장선 밖으로 발이 나가게 되면 풋 폴트의 반칙이 된다.
- 서브 순서대로 서브를 넣지 않거나 서브를 넣는 개인 또는 팀이 스크린을 행하여 방해할 경우에는 서브가 교대된다.
- 서브 권한을 얻었을 경우 그 팀의 선수가 포지션을 로테이션을 하지 않았을 경우
- 서브 리시브를 할 경우 공격지역(전위)의 선수와 수비지역(후위)의 선수가 서로 위치가 바뀌었을 경우
- 서브를 지시하는 주심의 신호 후에 5초가 경과했는데도 서브를 하지 않는 경우

사. 블로킹

네트 가까이에서 1~3명의 선수가 두 손을 편 채 점프하여 상대방에서 스파이크한 공을 자기 코트로 넘어오지 못하도록 막는 행위를 블로킹이라 한다.

- 공격지역에 있는 선수만(전위에 있는 3명)이 참가할 수 있다.
- 블로킹한 것은 터치 횟수로 카운트하지 않는다.

아. 블로킹 반칙

- 안테나 외측에서 네트 너머로 공을 접촉했을 경우
- 후위 선수가 블로킹에 참가하여 몸에 공이 접촉될 경우
- 전위와 후위 선수가 동시에 블로킹했을 경우에 그들 중에서 어느 누구에게나 공이 터치만 되어도 반칙이다.

자. 공격 반칙

- 공이 상대방 선수의 접촉 없이 상대방 코트 밖의 물체에 닿거나 지면에 떨어진 경우
- 후위 선수가 센터라인과 어택라인 사이의 공간이나 어택라인 또는 그 가상의 연장선을 밟으면서 네트의 상단보다 높은 위치에 있는 공을 상대방 코트로 넘기는 경우

차. 침범 반칙

- 상대방 선수가 공격하기 전, 공격 중인 상대방의 공을 터치했을 경우
- 공이 인 플레이되고 있는 동안에 상대방 코트로 들어갔을 경우
- 선수의 동작으로 인해 네트나 안테나를 건드렸을 경우

카. 수비지역(후위) 선수의 반칙

- 수비지역 선수는 공격지역(전위)에 들어가서 네트보다 높은 공을 네트 너머로 넘길 수 없다.
- 수비지역의 선수는 블로킹에 참가할 수 없다.
- 수비지역의 선수는 공격지역 선수의 위치보다 앞에서 서브한 공을 받을 수 없다.

타. 그 밖의 일반 규칙

- 공격 시에 네트 너머로 손이 넘어가면 반칙이다.
- 공격이나, 수비할 경우에 신체 부위가 네트에 닿으면 반칙이 된다.
- 코트의 라인 위에 떨어진 공은 아웃이 아니다.
- 공격지역의 선수가 블로킹에 참가할 경우 네트 너머로 손이 넘어가도 반칙이 아니다.

- 수비지역(후위)의 선수는 수비지역 안에서 네트보다 높은 공을 공격할 수 있고 또는 직접 네트 너머로 넘길 수 있다.
- 공격지역(전위)의 선수는 코트 전반에 걸쳐 제한을 받지 않고 공격할 수 있다.
- 코트 체인지는 세트가 끝날 경우마다 하고 마지막 세트는 어느 팀이든 8점 획득 시 승리한다.
- 서브한 공을 리시브하는 팀은 직접 블로킹할 수 있고, 직접 스파이크로 공격할 수 있다.

파. 선수교대

- 세트 초의 선수는 어느 교대 선수와도 교대가 가능하며 그 선수는 1회에 한해서 교대 선수의 위치로만 복귀할 수 있다.
- 교대선수는 세트당 1회에 한하여 스타팅 멤버의 포지션에 들어갈 수 있다.
- 선수의 부상 등으로 경기를 계속할 수가 없을 경우에는 즉시 선수를 교대한다. 교대선수가 1명도 없고 3분간의 시간 여유를 주어도 경기를 계속할 수가 없을 시에는 그 팀은 그 세트를 잃는 것으로 한다.
- 한 팀은 한 세트에 최대 6회의 교대가 허용된다.

3 심 판 법

가. 부정행위에 대한 벌칙

표 3-5 벌칙표

부정행위	횟 수	제 재	제시하는 카드	조 치
비신사적인 행위	첫 번째	경 고	노랑 카드	비신사적인 행위를 방지하기 위하여
	두 번째	벌 칙	빨강 카드	상대팀에게 포인트와 서브권을 준다.
거친 행위	첫 번째	벌 칙	빨강 카드	상대팀에게 포인트와 서브권을 준다.
	두 번째	퇴 장	노랑 · 빨강 카드를 한 손에 동시 제시	해당 세트에 코트를 떠나게 한다.

공격적인 행위	첫 번째	퇴 장	노랑 · 빨강 카드를 한 손에 동시 제시	해당 세트에 코트를 떠나게 한다.
	두 번째	자격박탈	노랑 · 빨강 카드를 한 손으로 따로따로 제시	경기장에서 떠나게 한다.
싸우는 행위	첫 번째	자격박탈	노랑 · 빨강 카드를 한 손으로 따로따로 제시	경기장에서 떠나게 한다.

나. 심판의 핸드시그널

그림 3-6 심판 핸드시그널

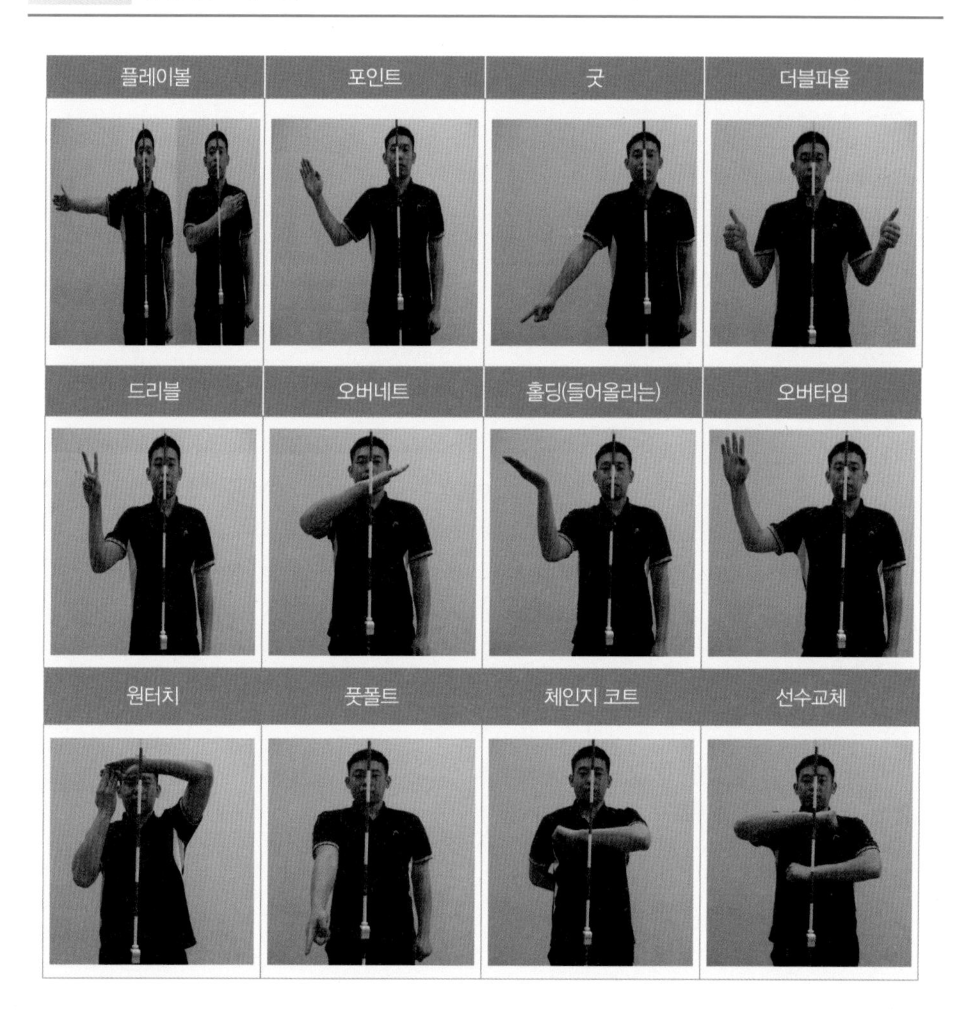

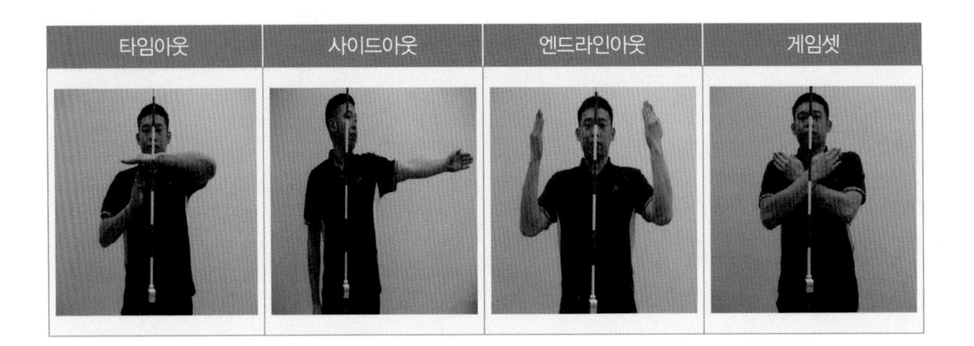

4 기초기술

가. 서브의 종류

- 언더핸드 서브 : 허리 부위 근처에서 임팩트가 이루어지며 타이밍이나 낙하지점을 혼란시키기 위한 전략적인 서브이다.
- 슬라이드 서브 : 밀어내듯이 쳐서 뻗어나가게 하는 방법과 당기듯 쳐서 뚝 떨어지는 변칙적인 서브이다.
- 프론트 서브 : 스파이크와 유사한 방법으로 회전 없이 끊어치는 동작으로 리시브를 불안하게 하는 서브이다.
- 스파이크 서브 : 강한 회전과 빠른 속도의 서브로 수비선수의 물리적 효과와 심리적인 긴장감을 주는 서브이다.

나. 패스의 종류

- 오버 핸드 패스 : 가장 보편적인 패스방법으로 무릎의 굴신에서 오는 힘과 주관절의 굴신 및 손가락의 스냅을 이용하는 패스이다.
- 언더 핸드 패스 : 오버 핸드 패스의 역동작으로 처리하게 되며, 주로 서브나 스파이크 등에 대한 수비기술로서 사용된다.

다. 토스의 종류

- 직상 토스 : 자기 머리 위에 올려 주는 토스 기술로서 대개 속공이나 터치 플레이를 목적으로 할 때 이용되는 토스 방법이다.
- 사이드 토스 : 네트를 뒤로 하고 서서 좌나 우로 토스를 하여 공격하게 하는 토스 기술이다.
- 점프 토스 : 네트 근처에 높이 패스된 공을 점프해서 트릭 터치 모션을 취하여 상대편으로 하여금 블로킹에 참여케 하고, 그대로 토스를 시도하여 논스톱 찬스를 얻게 하는 데 활용되는 토스의 방법이다.

라. 스파이크의 종류

- 스트레이트 스파이크 : 일직선으로 점프와 동시에 허리 · 팔의 스윙과 손목 스냅으로 공의 중심을 강타하는 공격기술이다.
- 커브 스파이크 : 상대방의 블로킹을 유도한 뒤 스파이크를 하는 공격 타법으로 대개 숙달된 일류 선수들이 사용하는 기술이다.

마. 블로킹의 종류

- 프론트 블로킹 : 상대방의 공격 방향을 판단하여 정면에서 공을 방어하는 기술이다.
- 죤 블로킹 : 상대의 공격 방향을 한정하여 놓고 수비진과 협조하여 수비에 만전을 기하는 기술이다.

【 9인제 】

1 경기개요

표 3-6 9인제 배구 경기개요

<table>
<tr><th>단 계</th><th>내 용</th></tr>
<tr><td>경기장</td><td>
• 경기장
<table>
<tr><th colspan="2">구 분</th><th>일반/대학</th><th>고교</th><th>중학교</th><th>초등학교</th></tr>
<tr><td rowspan="2">남 자</td><td>사이드라인</td><td>21m</td><td>21m</td><td>20m</td><td>16m</td></tr>
<tr><td>엔드라인</td><td>10.5m</td><td>10.5m</td><td>10m</td><td>8m</td></tr>
<tr><td rowspan="2">여 자</td><td>사이드라인</td><td>18m</td><td>18m</td><td>18m</td><td>16m</td></tr>
<tr><td>엔드라인</td><td>9m</td><td>9m</td><td>9m</td><td>8m</td></tr>
</table>
• 네트 규격
<table>
<tr><th>구 분</th><th>일반/대학</th><th>고 교</th><th>중학교</th><th>초등학교</th></tr>
<tr><td>남 자</td><td>2.38m</td><td>2.30m</td><td>2.20m</td><td>1.90m</td></tr>
<tr><td>여 자</td><td>2.15m</td><td>2.10m</td><td>2.00m</td><td>1.90m</td></tr>
</table>
</td></tr>
<tr><td>사용구</td><td>
• 둘레/무게
<table>
<tr><th>구 분</th><th>둘 레</th><th>중 량</th></tr>
<tr><td>일반 남 · 여, 고교 남 · 여</td><td>65~67cm</td><td>260~280g</td></tr>
<tr><td>중학교 남 · 여</td><td>63±1cm</td><td>250±10g</td></tr>
<tr><td>초등학교 남 · 여</td><td>63±1cm</td><td>200±10g</td></tr>
</table>
• 압력 : 400~450g/㎠
– 180cm 높이에서 바운드하여 120~140cm 리바운드되어야 한다.
</td></tr>
<tr><td>복 장</td><td>• 상의는 통일된 셔츠에 번호를 부착해야 한다.
• 하의는 팬츠, 규격화된 배구화, 각종 보호대 착용 가능</td></tr>
<tr><td>경기개시</td><td>• 토스에서 이긴 팀에게 진영이나 서브의 선택권 부여</td></tr>
<tr><td>선수구성</td><td>• 9명(교대선수 3명)</td></tr>
<tr><td>경기의 승패</td><td>• 3세트 중 2세트 선승제, 세트당 21점을 선취한 팀이 승리
• 랠리 포인트를 적용하며 듀스(20:20)인 경우 연속 2점 선취한 팀이 승리</td></tr>
</table>

2 경기규칙

가. 서브 규정

- 서브는 처음 제출한 서브 오더에 의해서 실시해야 하고, 1회의 폴트가 허용되며 2회까지 실시할 수 있다.
- 서브 시 서버 양발의 위치는 엔드라인과 양 사이드라인의 연장선 안에 있어야 한다.
- 서브의 동작을 취한 후 공을 떨어뜨리거나 놓으면 1회의 서브를 한 것으로 간주한다.
- 주심의 서브 실시 신호 후 5초 이내에 반드시 서브를 넣어야 한다.
- 선수가 서브 순서를 위반했을 경우

  - 해당 선수의 서브 중에 발견 시는 그가 얻은 점수는 무효가 되고 상대팀에게 1점을 주고 서브권도 빼앗긴다.
  - 해당 선수의 서브가 종료되고, 잘못이 발견되면 그 선수의 서브 중에 얻은 양 팀의 점수는 무효가 되고 상대팀에게 1점을 빼앗긴다.
  - 해당 선수의 서브가 종료되고, 상대팀의 서브가 실시된 후 잘못이 발견되면 그 경우까지의 점수는 유효하고 그대로 경기를 계속한다. 그러나 잘못한 팀은 서브순서를 바로 고쳐야 하며 잘못 서브한 선수는 다음 서브순서에 한해서 제외한다.

나. 공의 플레이

- 상대코트로 공을 넘기기 전 한 팀은 블록킹을 제외한 3회의 플레이를 할 수 있다.
- 3번째 넘긴 공이 네트에 맞아 안 넘어 갔을 경우에는 3번째 플레이한 선수 이외 다른 선수가 한 번 더 플레이할 수 있다.
- 한 선수는 계속해서 2회 플레이할 수 없다. 단, 네트 위에서 상대 선수와 동시에 공을 터치했을 경우, 그리고 블로킹한 후 공이 네트에 걸려 있을 경우에는 무방하다.
- 같은 팀의 2인 이상의 선수가 동시에 공을 플레이했을 경우 그 팀의 공 접촉횟수는 1회로 간주한다.

다. 타임아웃

• 선수교대의 타임아웃

- 감독 혹은 주장은 공이 데드 시 주 · 부심에게 선수교대의 타임아웃을 요구할 수 있다. 단, 제1서브와 제2서브 사이는 안 된다.
- 교대의 허락 시 교대선수의 번호를 기록원에게 보고하고 즉시 교대해야 한다.
- 경기자의 교대는 1세트에 3회까지 할 수 있으며, 해당세트에서 교대된 선수는 재출장이 안 된다.
- 선수교대 시간은 1회에 30초이다.

• 휴식의 타임아웃(작전타임)

- 요구의 방법 및 시기는 선수교대시와 동일하다.
- 1세트당 2회 요구할 수 있으며, 1회의 시간은 30초이다.
- 이 경우에 선수들은 경기장 밖 벤치에 가까운 곳으로 나가서 감독이나 코치의 지시를 받아야 한다.

• 주 · 부심의 타임아웃은 선수의 부상 혹은 기타 이유에 의해서 필요하다고 생각할 경우에는 어떤 경우를 막론하고 타임아웃을 선고할 수 있다.
• 세트간의 타임아웃은 2분간의 타임아웃을 준다.

라. 네트에 관계되는 플레이

• 네트 터치

- 인 플레이 중 선수는 네트에 터치해서는 안 된다.
- 인 플레이 중 바람에 날린 네트에 터치되어도 반칙이다. 단, 상대선수가 친 공이 네트에 맞아 터치된 경우는 무방하다.

• 오버 네트

- 네트를 중심으로 상대방 코트 상공에 떠 있는 공을 터치해서는 안 된다. 단, 블로킹 시에는 무방하다.
- 손이나 팔이 넘어 갔어도 공에 터치되지 않으면 무방하다.
- 공격으로 공이 넘어간 후 힘의 여력으로 손이나 팔이 넘어갔을 경우에는 무방하다.

• 인터페어

- 인 플레이 도중 네트 위나 밑으로 상대방 선수를 건드려 방해를 주면 안 된다. 단, 방해가 되지 않은 경우는 무방하다.
- 네트 밑으로 완전 통과 직전의 공을 고의로 상대방 선수가 건드리면 인터페어반칙이다.

마. 시합 몰수의 경우

• 시합 개시시간이 15분 경과했는데도 코트에 출전하지 않거나, 주심이 플레이를 명령했음에도 이를 거부했을 경우
• 부당한 선수가 출전하였을 경우
• 퇴장 및 부상 등의 이유로 한 팀의 선수가 8명 이하가 되었을 경우 단, 부상자가 다음 세트에는 출장이 가능하면 해당 세트만 잃는다.

바. 경기의 중단 · 연기 및 중지

• 경기의 중단

- 주심이 악천후 및 기타 사정에 의해서 경기의 속행이 불가능하다고 판단되었을 경우 일시 중단할 수 있다.
- 경기 중단 후 4시간 이내에 동일 장소에서 재개될 경우에는 종료된 세트와 득점은 유효하다.

- 경기 중단 후 4시간 이내에 다른 장소에서 재개될 경우에는 종료된 세트는 유효하고, 득점은 무효로 한다.
- 4시간 이내에 재개가 불가능할 경우에는 세트, 득점은 모두 무효가 되고 처음부터 시작한다.

3 심 판 법

가. 심판의 임무

임원의 구성 및 임무

- 임원은 주심 1명, 부심 1명, 기록원 1명, 그리고 선심 4명으로 구성된다.
- 주심은 경기에 관한 최고임원으로 경기의 시작에서부터 종료까지 일체의 문제에 대해서 최종 판정을 내린다.
- 부심은 타임아웃 및 선수교체를 허가하고, 주로 네트 터치와 공 터치 및 오버 네트를 감시한다.
- 기록원은 부심 쪽에 위치하여, 득점 및 공식기록을 작성하며 제출된 서브 오더를 확인 및 감시한다.
- 선심은 담당한 라인에 대해서 아웃 혹은 인을 판정한다.

5 농 구

1 경기개요

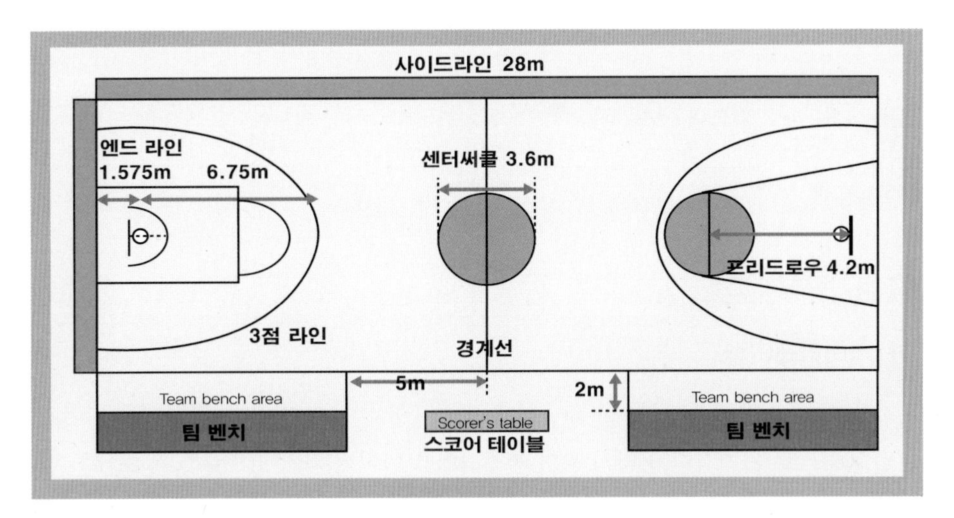

표 3-7 농구 경기개요

단 계	내 용
경기장	• 사이드라인 : 28m/엔드라인 : 15m • 골대 높이 : 3.5m
사용구	• 공의 둘레/무게 <table><tr><th>구분</th><th>공의 둘레</th><th>무 게</th></tr><tr><td>중 학 교</td><td>72~74cm</td><td>500~540g</td></tr><tr><td>고등학교 이상</td><td>75~78cm</td><td>600~650g</td></tr></table>• 압력 : 1.8m 높이에서 바운드하여 1.2~1.4m 리바운드되어야 한다.
복 장	• 통일된 포지션 번호가 있는 긴소매나 반소매 셔츠를 착용하고 반바지 착용
경기개시	• 센터 써클에서 점프볼에 의해 경기시작

<table>
<tr><td>경기시간</td><td>• 피리어드당 경기시간
<table>
<tr><th>구 분</th><th>1피리어드</th><th>2피리어드</th><th>휴 식</th><th>3피리어드</th><th>4피리어드</th><th>연장전</th></tr>
<tr><td>중학교</td><td>8분</td><td>8분</td><td>15분</td><td>8분</td><td>8분</td><td>5분</td></tr>
<tr><td>고교이상</td><td>10분</td><td>10분</td><td>15분</td><td>10분</td><td>10분</td><td>5분</td></tr>
</table>
– 1, 2피리어드 사이와 3, 4피리어드 및 연장전 전의 휴식시간은 2분이다.
• 작전타임은 전반 2회, 후반 3회, 매 연장전마다 1분씩 주어진다.</td></tr>
<tr><td>선수구성</td><td>• 5명(교대선수 7명)</td></tr>
<tr><td>경기의 승패</td><td>• 경기 시간 내 다득점시 승리한다(무승부 시 연장전 및 추첨).
– 2점(필드골), 3점(3점슛), 1점(프리드로우)</td></tr>
</table>

2 경기규칙

가. 바이얼레이션

- 하프 라인 바이얼레이션(Half line violation) : 공격 팀이 공을 센터라인을 넘어서 프런트 코트로 가져갔다가 다시 자기 센터라인을 넘어서 자기 코트로 공을 보내는 반칙
- 워킹, 킥킹, 오버 드리블, 더블 드리블, 점프볼의 위반 등
- 자기 팀이 공을 컨트롤하고 있는 동안에 상대방의 제한구역 내에 3초 이상 머문 반칙(3초 룰)
- 상대방으로부터 밀집 방어로 5초 이상 공을 잡고 정지하거나, 엔드라인 및 사이드라인에서 드로우인할 경우 5초를 경과한 반칙(5초 룰)
- 자기 코트에서 공을 잡은 팀이 그 순간부터 8초 이내에 상대방 코트로 넘기지 못한 반칙(8초 룰)
- 공을 잡은 순간부터 24초 이내에 슛하지 못한 반칙(24초 룰)

나. 득 점

골인이 되면 실점을 당한 팀은 엔드라인 밖에서 5초 이내에 드로우인으로 경기를 계속한다.

다. 반 칙

- 공중에 떠 있는 공을 두 번 연속 터치하거나 손바닥을 위로 향하였다가 다시 드리블 하면 반칙이다.
- 라인 밖으로 나간 공은 주심의 핸드링 후에 드로우인을 해야 하고 그 공을 다른 선수가 받기 전에 다시 잡으면 반칙이다.
- 두 팀의 선수가 동시에 공을 잡고 정지했거나 반칙을 했을 경우에는 주심이 가까운 서클에서 점프볼로 경기를 재개시킨다.
- 경기 중 공이 바스켓에 정지되어 있을 경우에는 주심이 서클에서 점프볼로 경기를 재개시킨다.
- 공격 팀 선수는 제한구역 안 바스켓 바로 위에서 공이 떨어지고 있을 경우에 바스켓이나 백보드를 터치할 수 없다.
- 반칙으로 퇴장당한 선수로 인하여 교체 선수가 없는 팀은 선수 2명이 남을 경우까지 경기를 할 수 있다.
- 수비 팀 선수는 바스켓 안에 공이 들어 있을 경우 골 망에 손을 대면 안 된다.

라. 테크니컬 파울

테크니컬 파울을 범하게 되면 1개의 파울을 기록하게 되고 상대방에게 프리드로우 2개를 허용하며 다음 같은 경우에 적용된다.

- 상대방의 공격 · 방어를 고의적으로 방해할 경우
- 주심에게 불손한 언동으로 항의 · 질문을 할 경우
- 주심의 허락 없이 코트 밖으로 나가거나 선수를 교대할 경우
- 바이얼레이션이 선언되었는데 공을 심판에게 주지 않고 고의로 시간을 지연 시켰을 경우
- 파울을 범한 선수가 손을 들어 인정하지 않을 경우
- 기록원이나 심판에게 통고 없이 유니폼 번호를 바꿨을 경우
- 기타 비신사적 행동은 선수뿐만 아니라 팀 전체에게도 테크니컬 파울을 선언하고 파울에 그 수를 포함시킨다.

마. 퍼스널 파울

퍼스널 파울은 경기 중에 상대방의 신체적 접촉으로 발생한 파울로서 파울을 범한 자에게는 1개의 파울이 기록되며 고의적인 파울은 프리드로우 2개를 상대에게 주는데 다음과 같은 경우에 적용된다.

- 홀 딩 : 상대방을 잡는 행위
- 트리핑 : 상대방을 다리로 걸어서 넘어뜨리는 행위
- 푸 싱 : 상대방을 손으로 미는 행위
- 차아징 : 상대방을 몸으로 밀거나 고의적으로 부딪히는 행위, 또는 손으로 시야를 가려 방해하는 행위
- 블로킹 : 상대방의 진로를 고의적으로 방해하는 행위

바. 팀 파울

- 하나의 피리어드에 팀의 파울이 4개가 되었을 경우 팀 파울 벌칙 상태가 된다.
- 휴식 시간 중에 일어나는 모든 팀 파울들은 다음 피리어드나 다음 연장전의 일부로 간주한다.
- 모든 연장전에 일어나는 모든 팀 파울들은 4피리어드의 일부로 간주한다.

사. 프리드로우

- 벌칙으로 상대방의 선수에게 프리드로우 라인 바로 뒤에서 방해 없이 득점할 수 있는 특전이다.
- 슛동작 중의 파울은 프리드로우 2개 중에서 1번이라도 성공하지 못하면 1회를 더 넣을 기회를 준다.
- 고의적인 파울, 멀티플 파울, 테크니컬 파울 및 휴식 시간 중 감독, 코치의 테크니컬 파울은 2개의 프리드로우를 준다.
- 한 팀이 한 하프에서 7회의 테크니컬 파울이나 퍼스널 파울을 범한 다음부터 퍼스널 파울을 또 다시 범하는 경우에는 상대팀에게 프리드로우 2개를 준다.
- 코치나 교대 선수의 테크니컬 파울, 슛 동작 시에 반칙을 범했어도 그 공이 골인된

경우, 또는 코치나 후보 선수 또는 관계자의 휴식시간 이외의 테크니컬 파울 시에는 1회 프리드로우를 상대 팀에게 준다.

- 공을 넘겨 받은 후 5초 이내에 던져야만 한다.
- 프리드로우 라인 바로 뒤라면 중앙이 아니라도 무관하다.

3 심 판 법

가. 심판의 임무

- 공의 인플레이, 타임아웃, 파울 선고, 교대자 허가, 플레이 중지
- 상대팀 골대 가까운 사이드라인 밖에서 드로우인 하는 공을 선수에게 전한다(프리드로우일 때도 동일).
- 필요 시 시간을 확인한다(드로우인 : 5초, 3초 룰 : 3초).
- 진행요원은 득점 · 선수의 파울, 각 팀의 작전타임 요구를 기록한다.
- 계시원은 경기개시 3분 전에 심판에게 전하고 경기시간과 정지시간을 계측한다.
- 24초 계시원은 한 팀이 공을 잡는 순간 전광 자동시계를 움직여 24초가 되면 휘슬이나 기계음 등으로 선수 및 팀이 인지할 수 있는 신호를 한다.

나. 심판의 핸드시그널

그림 3-7 심판 핸드시그널

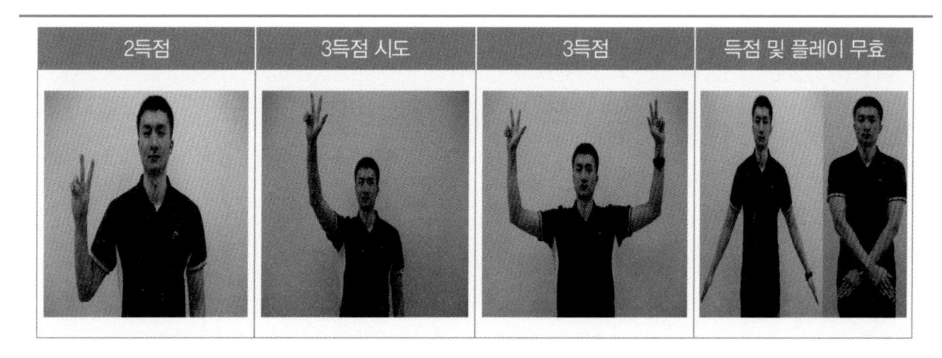

바이얼레이션(타임아웃)
작전타임
선수교체
타임인
트래블링
더블 드리블
3초 룰 위반
퍼스널 파울(타임아웃)
프리드로우 벌칙
푸싱
부당한 손의 사용
홀딩
블로킹
차아징
테크니컬 파울
인텐셔널 파울

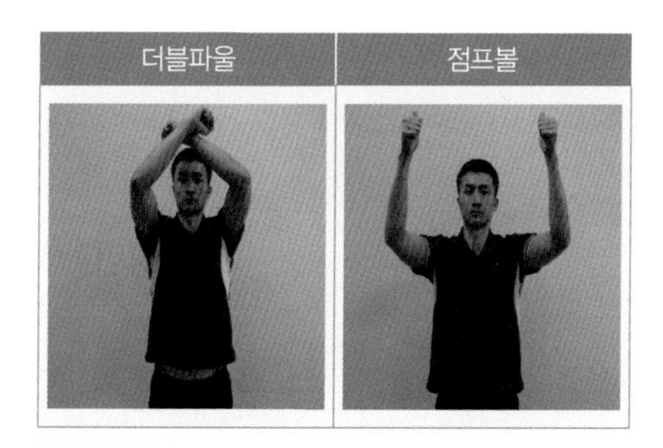

4 기초기술

드리블은 몸의 균형을 잡으면서 오른손 또는 왼손의 손가락으로 공을 조정하면서 바운드한다.

- 드리블하면서 상대방의 움직임을 주시하여 정확한 지점에서 패스, 슛한다.
- 스타트와 대시, 드리블의 연결 동작은 공격의 주무기이다.

가. 패스의 종류

- 원 핸드 패스 : 한 손으로 패스를 받는 선수의 가슴으로 패스
- 점프 패스 : 뛰어 올라 공중에서 패스
- 체스트 패스 : 가슴에서 패스를 받는 선수의 가슴으로 패스
- 오버 헤드 패스 : 점프를 하지 않은 상태에서 머리 위에서 패스
- 언더 핸드 패스 : 팔을 무릎 아래로 내려 낮은 자세로 패스
- 쇼울더 패스 : 어깨 위에서 던지는 패스
- 훅 패스 : 다른 방향에 있는 어깨 방향으로 손목을 이용한 패스

나. 페인트

- 상대방 수비를 교란시키기 위하여 좌 · 우 · 전 · 후 · 상 · 하로 공을 이동시켜 공격하는 기술이다.
- 머리, 어깨, 팔, 허리, 무릎, 발 등으로 연속적인 연결 동작을 할 경우에 공을 놓치

는 실수를 주의해야 한다.

다. 슛의 종류

- 원 핸드 슛 : 한 손으로 하는 슛(프리드로우, 점프슛, 가장 보편적인 슛 자세)
- 언더 핸드 슛 : 팔을 아래로 내려서 하는 슛(러닝 슛 및 수비를 피하면서 하는 슛)
- 오버 헤드 슛 : 머리 위에서 하는 슛(러닝 슛, 장신의 선수가 사용하는 골밑슛)
- 점프 슛 : 뛰어 올라 공중에서 하는 슛(필드 슛 등 선수의 탄력을 이용한 슛)
- 투 핸드 슛 : 두 손으로 하는 슛(여자 선수들의 장거리 슛으로 사용)
- 훅 슛 : 훅 패스와 같은 자세로 하는 슛(수비를 피하며 하는 기술적인 슛)
- 러닝 슛 : 골대를 향해 달리면서 하는 슛

라. 디펜스(팀 수비 전술)

- 상대방의 공격 지점에서 대인방어(Man to man/1 : 1 수비)
- 상대방의 슛 지점에서 지역방어로 슛과 리바운드 기회를 주지 않는다.
- 상대방의 작전을 혼란시키기 위해 스위치 디펜스를 시도한다.

마. 오펜스(팀 공격 전술)

- 5명의 선수가 패스, 드리블, 페인트 등 조화된 동작으로 상대방의 허점을 찌르는 공격이다.
- 상대방 노 마크의 찬스를 포착하기 위하여 스크린플레이(자기편 선수들이 스크럼을 짜듯이 상대방의 방어를 교란하는)로써 상대방을 유인하여 공격한다.

5 3 : 3 농구

가. 경기개요

표 3-8 3 : 3 농구 경기개요

구 분	내 용
경기장	• 농구 경기장의 1/2(사이드라인 14m, 엔드라인 15m)
사용구/복장	• 농구 경기와 동일
경기개시	• 토스에 의해 공격 우선권 선정
경기시간	• 전 · 후반 없이 12분 경기(대회별 상이), 연장전 3분, 재연장 시 프리드로우 • 작전시간 : 1회 30초
선수구성	• 3명(교대선수는 대회 규정에 따라 상이)
경기의 승패	• 경기시간 내 다득점 시 승리 – 2점(필드골), 3점(3점슛), 1점(프리드로우)

나. 경기규칙

1) 공수 전환규정(어웨이 규정)

- 프리드로우는 선수에게 프리드로우 라인 뒤에서 방해 없이 1, 2, 3득점 슛을 시도하는 특권이 주어지는 것을 말한다.
- 프리드로우는 10초 이내에 시도되어야 한다.
- 프리드로우 라인에 선수는 서지 않고 집행여부에 관계없이 공수 전환한다.

2) 헬드 볼

- 헬드 볼은 두 명의 상대선수가 공을 한 손 또는 두 손으로 동시에 쥐고 있는 것을 말하며, 두 선수가 서로 거칠게 하지 않고는 어느 한 선수도 독단적으로 소유권을 얻을 수 없을 경우에 선언된다.
- 선수가 공을 소유한 상태에서 바닥에 넘어지거나 주저앉는 경우 그 선수에게 공을 던질 수 있는 기회가 주어져야 하나 부상의 위험이 있는 경우에는 헬드 볼이 선언된다.

3) 프리드로우 위치

- 프리드로우 라인에는 선수는 서있지 않고 3점슛 지역을 포함한 프리드로우 라인 연장선 위쪽에 있어야 한다.
- 프리드로우 이후는 공수 전환하며 공격준비선에서 공격한다.

4) 파울에 대한 규칙

- 언스포츠라이크 파울(비신사적 행위 파울)

  - 공을 가지고 있든 가지고 있지 않든 선수에게 신체접촉이 발생할 경우
  - 개인 파울은 위반한 선수에게 주어지고 팀 파울은 팀에 주어지며 2개의 프리드로우가 주어지고 공격준비선에서 다시 공격을 시작한다.

- 팀 파울 벌칙(공을 가지고 있든 가지고 있지 않든 선수에게 신체접촉이 발생할 경우)

  - 각 팀은 추가벌칙 없이 5개의 팀 파울로 제한되며 6개째부터 상대팀에게 2개의 프리드로우가 주어진다.

- 개인파울은 한 선수가 파울이 4개째 퇴장한다.

다. 심 판 법

1) 심판과 임무

- 경기를 관장하는 심판은 1명으로 구성되며, 경기감독관 외에 1명의 기록원과 1명의 계시원, 진행요원 1명을 포함하여 총 3명이 있다.
- 기록원은 한 선수에게 4개째 개인파울이 선언되는 즉시 심판에게 이를 알려야 하며 각 팀의 작전타임 수를 기록해야 하고, 한 팀에서 1번째 작전타임 요청 시 심판을 통해 해당 팀 감독에게 알려야 한다.
- 선수가 퇴장당할 경우마다 기록원이나 계시원은 버저나 경적 등 명확히 들릴 수 있는 도구를 사용하여 심판에게 알려야 하며, 기록원은 심판이 4개째 개인 파울과 팀 파울 페널티슛을 알리는 버저소리를 들었는지 확인해야 한다.
- 기록원은 전광판 또는 표시판에 팀 파울 수를 총 5개까지 기록하여 해당 팀이 페널

티 상태에 이르렀음을 표시해야 한다.

- 계시원은 경기종료 후 득점이 되는 경우 경기시간 계시기를 멈춰 실제 경기시간만을 표시해야 한다.

6 테니스

1 경기개요

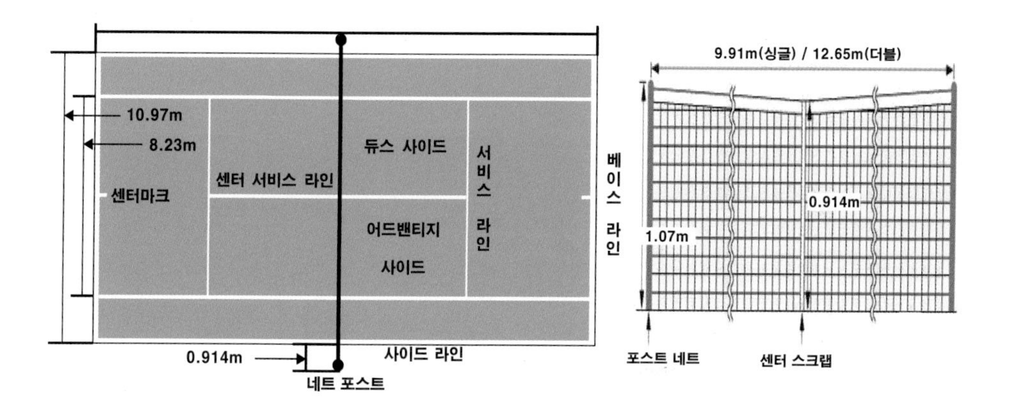

표 3-9 테니스 경기개요

단 계	내 용
경기장	• 사이드라인 : 23.77m/베이스 라인 : 10.97m • 서비스라인(사이드라인 : 6.4m/베이스라인 : 8.23m) • 네트 높이 : 중앙(0.914m)/사이드 1.07m
사용구	• 공의 지름 : 6.35~6.67cm • 무게 : 56.7~58.5g • 압력 : 2.54m 높이에서 바운드하여 1.35~1.47m 리바운드 되어야 한다.

복 장	• 가급적 백색 유니폼 착용(상의 셔츠, 하의 반바지) • 신발은 규격화된 운동화 착용 • 모자, 머리띠, 손목아대, 장갑 등 보호장구 착용가능
경기개시	• 토스 결과 우선권을 가진 팀에서 서브 및 리시브 중에서 선택
선수구성	• 단식, 복식, 혼합복식 등 해당 선수인원만 가능
경기의 승패	• 세트당 6게임을 먼저 이기는 팀이 세트의 승리 • 3(5)세트 경기에서 먼저 2(3)세트를 획득한 팀이 승리

2 경기규칙

가. 서브시의 렛(Let)

• 서브한 공이 네트에 맞고 상대방의 정확한 서브코트에 바운드된 경우
• 서브한 공이 네트에 맞고 상내방 코트에 바운드되기 전 상대방의 몸이나 라켓, 유니폼 등에 터치된 경우
• 상대방의 리시브 준비가 안 되었을 경우 서브를 넣은 경우
• 심판이 득점의 콜을 하기 전에 서브를 넣은 경우
• 서브 2개의 공을 동시에 토스한 경우

나. 인 플레이 중의 렛(Let)

• 공이 터지거나 바람이 빠져서 물렁해 졌을 경우
• 갑자기 날아든 새에 공이 터치된 경우

다. 폴트의 경우

• 라인을 밟거나 서브지역을 벗어나서 서브했을 경우
• 서브 토스한 공을 라켓으로 치지 못했을 경우
• 토스가 잘못되어 다시 하려고 라켓으로 받거나 바닥에 떨어뜨렸을 경우
(이 경우는 공이 땅에 떨어지기 전에 반드시 손으로 받아야 함)
• 서브한 공이 자기 파트너의 라켓이나 몸, 유니폼에 터치된 경우
• 서브한 공이 포스트에 맞고 상대방의 정확한 서브코트에 들어갔을 경우

라. 실점의 경우

- 아웃되는 공에 몸이나 라켓, 유니폼에 터치된 경우
- 인 플레이 중 네트를 터치한 경우
- 라켓을 던져서 공을 쳤을 경우
- 오버 네트를 한 경우(공을 친 후 라켓이나 손이 네트를 넘어간 경우는 상관 없음)
- 상대가 서브한 공에 몸이나 라켓, 유니폼에 직접 맞은 경우
- 라켓에 공이 두 번 터치된 경우
- 넘긴 공이 포스트를 제외하고 심판대와 심판을 포함한 모든 고정건물에 터치된 경우
- 공을 친 후 놓친 라켓이 상대방 코트로 넘어가서 상대방 플레이에 조금이라도 방해가 되었을 경우(전혀 방해가 안 되면 무관함)

마. 유효한 경우

- 친 공이 포스트나 네트에 맞고 상대코트에 들어간 경우
- 공이 어떠한 코스로든 상대방 코트로 들어간 경우
- A가 친 공이 스핀에 걸려 B의 코트에 바운드 후 스스로 다시 A의 코트로 넘어간 공을 B가 달려가 정당하게 친 경우(오버 네트가 아님)

바. 순서가 틀린 서브의 경우

- 게임 중 발견했을 경우 즉시 수정하고 해당 게임이 끝난 후 발견했을 경우에는 다음 게임부터 적용한다. 발견 이전의 점수는 유효하다.

사. 순서가 틀린 리시브의 경우

- 게임 중 발견했을 경우 해당 게임이 끝날 때까지 바뀐 대로 실시하고 다음 게임부터는 원래대로 실시한다. 발견 이전의 점수는 유효하다.

아. 코트의 교대

- 세트에 관계없이 항상 양 팀의 게임 스코어의 합이 홀수일 경우 코트를 교대한다.

• 타이 브레이크 게임에서는 양 팀의 점수의 합이 6의 배수(6, 12, 18, …)일 경우 한다.

자. 타이 브레이크 경기

• 2포인트 차이로 7포인트를 선취한 선수(팀)가 승리한다.
• 실시는 게임 스코어가 6 : 6 또는 8 : 8일 경우 한다.
• 서브는 순서가 된 서버가 우측에서 1포인트의 서브를 실시하고 서브가 체인지 되어 2포인트씩의 서브를 좌측 · 우측의 순으로 실시한다.
• 코트교대는 양 팀의 포인트 합이 6의 배수(6, 12, 18, …)일 경우에 한다.
• 6 : 6 듀스 이후에는 어느 팀(선수)이든 2포인트 차이로 이겨야 승리한다.

차. 노 어드밴티지 경기

• 듀스(40 : 40) 시 1포인트로 게임을 결정하는 경기 방법이다.
• 리시버에게 선택권을 준다.

카. 휴식시간

• 코트 교대 않을 경우 : 30초
• 코트 교대시 : 1분 30초(교대해서 서브직전까지)
• 3세트 경기 시에는 2세트, 5세트 경기 시에는 3세트 후 10분간의 휴식시간을 준다.

3 심 판 법

가. 심판의 콜

1) 시합 개시의 콜(Call)

(홍길동) 서브, (금강산) 리시브, (1, 3, 5) 세트 매치 플레이

2) 서브 시의 콜(Call)

• Ace : 서브가 강하고 예리해서 리시버가 전혀 받지 못했을 경우
※ 굳(Good), 세이프(Safe), 인(In), 아웃(Out)이란 콜(Call)은 해서는 안 된다.

- 렛, 퍼스트(세컨드) 서브 : 첫 번째 혹은 두 번째의 공을 서브했을 경우 렛한 경우
- 폴트 : 서브의 실수

두 개의 공 모두 실수 했어도 "더블 폴트"라고 콜 해서는 안 되며 반드시 "폴트"라고만 콜한다.

나. 포인트(Point)의 콜(Call) 방법 및 시기

1) 포인트 콜 방법

- 0점 : Love, 1점 : Fifteen, 2점 : Thirty, 3점 : Forty
- 포인트의 콜(Call)은 반드시 서브 팀의 점수부터 불러야 한다.

표 3-10 포인트 콜 방법

A팀(서브)	:	B팀(리시브)	Call
0	:	1	Love – Fifteen
2	:	1	Thirty – Fifteen
2	:	2	Thirty all
2	:	3	Thirty – Forty
3	:	3	Deuce

콜의 시기는 양팀 선수가 서브 및 리시브의 위치에 있는 것을 확인 후 바로 콜을 해주어야 한다.

2) 듀스(Deuce) 이후의 콜(Call)

- 남자 경우 : 어드밴티지 ○ ○ ○(반드시 선수의 이름을 불러준다.)
- 여자 경우 : 어드밴티지 미스(미시즈) □ □ □(반드시 선수의 이름을 불러준다.)
- 혼합 경우 : 어드밴티지 ○ ○ ○ & 미스(미시즈) □ □ □

※ 반드시 선수의 이름을 불러주는 것이 원칙이지만, 상황에 따라서 선수직책 혹은 Ad. 서버(In), 리시버(Out) 등을 사용해도 된다.

4 기초기술

가. 포핸드 스트로크

- 무릎은 약간 구부리고 체중을 발끝에 두어서 어느 방향으로든지 즉시 뛰어갈 수 있도록 한다.
- 어깨를 네트와 수직되게 몸의 방향을 오른쪽으로 돌려주고 손목을 약간 뒤로 젖혀 라켓 면과 지면이 수직되도록 스윙한다.
- 무릎과 허리 사이의 높이가 적당하며 몸과 볼과의 거리는 대체로 왼쪽 무릎 앞에서 라켓 1개의 길이에서 타구하는 것이 좋다.

나. 백핸드 스트로크

- 무릎은 약간 구부리고 체중을 발끝에 두어 어느 방향으로든지 즉시 뛰어갈 수있도록 한다. 그립은 포핸드 그립에서 시계방향으로 1/8 정도 돌려 잡는다.
- 어깨를 네트와 수직되게 몸의 방향을 왼쪽으로 돌려주고 칼집에서 칼을 뽑아 내듯 라켓이 뒤에서 나올 때 그립이 먼저 나오도록 한다.
- 포핸드보다 약간 낮은 자세로 하며 몸과 볼과의 거리는 대체로 왼쪽 무릎 앞에서 라켓 1개의 길이에서 타구하는 것이 좋다.

다. 서 브

- 볼의 회전을 주지 않고 라켓의 중앙을 맞춰 스피드와 파워 위주의 서브로 직선으로 날아가 낮게 바운드되게 한다(플랫 서브).
- 볼의 옆면을 위에서 아래로 깎아치듯 하며 스핀을 걸어 리시버의 타점을 혼란스럽게 한다(슬라이스 서브).
- 볼의 중앙부분을 아래에서 위로 회전을 주어 바운드가 빠르고 높게 하여 타점을 혼란스럽게 한다(스핀 서브).

라. 발 리

- 백스윙을 하지 않는 것이 좋으며 손목을 고정시켜 라켓 헤드를 45° 정도 세우는 것이 좋다.
- 라켓이 먼저 나가는 것이 아니라 손목을 뒤로 젖히고 손목 전체를 앞으로 내밀고 볼이 맞는 순간 손목을 고정시킨다.
- 볼을 맞추어 밀어내는 동작을 한다.

마. 로 브

- 볼에 시선을 고정시켜 볼을 밑에서 위로 높게 쳐올린다.
- 공격적인 로브를 할 경우 베이스 라인 가까이 상대방의 백핸드 방향으로 공략한다.
- 방어적인 로브는 상대에게 밀려 스트로크를 할 수 없을 경우 가능한 높고 멀리 보낸 후 다음 자세를 준비한다.

바. 스매시

- 라켓을 어깨에 메는 것과 같은 자세로 뒤로 젖힌 몸을 반동을 이용하여 스윙을 한다.
- 볼을 머리 위 앞에 놓고 쳐야 하며 왼손은 공을 가리키고 공에 시선을 집중한다.

7 씨 름

1 경기개요

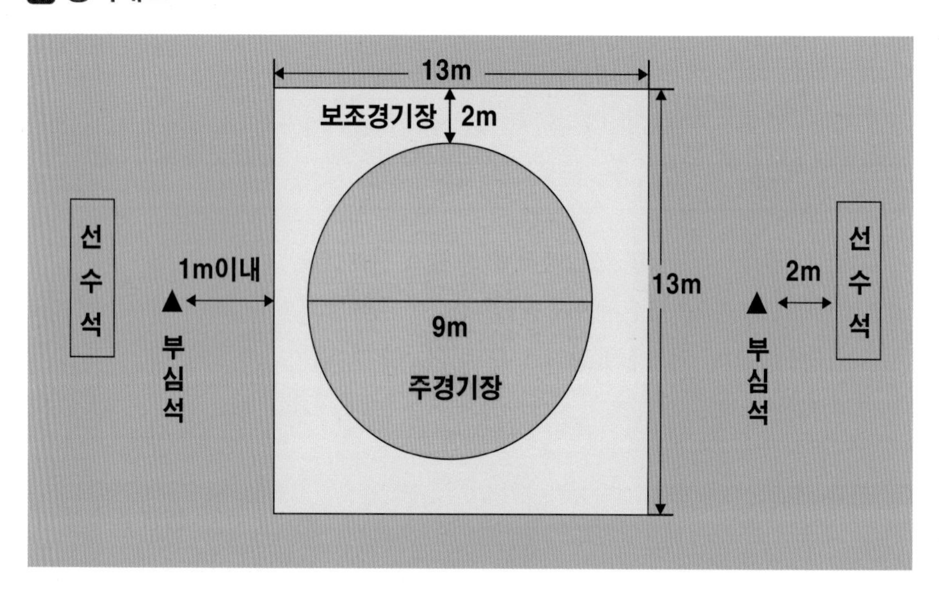

표 3-11 씨름 경기개요

단 계	내 용
경기장	•가로 · 세로 13m의 정사각형 안에 직경 9m의 모래장
사용구	•중등부 이상 : 길이(320cm 이내)/폭(90cm) •초등학교 이하 : 길이(250cm 이내)/폭(45cm)
복 장	•짧은 반바지만 착용
경기개시	•상대방의 샅바를 잡은 뒤 심판의 신호에 따라 경기를 시작
선수구성	•각 체급별 1명씩 출전 가능(교대선수 체급당 1명)
경기시간	•샅바 잡는 시간 : 2분 •승부 제한시간 : 5분(5분 이내 무승부일 경우 2분 휴식 후 3분 재경기) – 연장전에도 무승부일 경우 체중이 적은 선수가 승리
경기의 승패	•3선 2승제

2 경기규칙

가. 경기방법

- 경기 방법은 맞붙기 혹은 둘러붙기전으로 한다.
- 개인전의 예선전은 토너먼트식으로 하고 결승전은 리그전으로 한다.
- 경기진행 중 샅바를 완전히 놓아 고의로 경기를 기피하지 못한다(단, 경기진행 중 양 선수가 샅바를 놓았을 경우는 재경기를 한다).
- 경기진행 중 고의로 경기장 밖으로 나가거나 밀어내지 못한다(만약 고의로 경기장 밖으로 나가거나 밀어내게 되면 주의 또는 경고의 벌칙에 해당한다).

나. 샅바에 대한 규정

- 샅바 매는 방법은 '고리' 를 오른다리에 걸고 '긴 띠' 를 뒤로 돌려 '고' 에 끼워맨다. 허리의 "띠"를 경기에 지장이 없도록 신축성 있게 매어야 하며 "띠"와 "고"의 교차점은 우측 대퇴부 중심선에 있어야 한다.
- 샅바 잡는 방법

- 양 선수는 무릎간격을 30cm 이내로 하고 오른쪽 무릎이 상대 선수 무릎과 무릎 중앙에 있어야 하며 다리샅바를 먼저 잡고 어깨를 댄 후 허리샅바를 잡는 것을 원칙으로 하나 경우에 따라 허리샅바부터 잡을 수도 있으며 한 번 잡은 샅바는 다시 추려 잡을 수 없다.
- 샅바의 "고"는 우측 대퇴부 중심선 중앙에 있어야 한다.
- 샅바의 "고"는 중심선(재봉선) 중앙에 위치하고 샅바 잡는 부분은 재봉선을 기준으로 한다.
- 샅바를 잡을 경우 오른다리를 뒤로 물리지 못한다.
- 샅바를 잡을 경우 상대선수에게 방해하지 못한다.

다. 반 칙

- 목을 조르거나 비틀어 쥐는 행위

- 팔을 비틀거나 꺾는 행위
- 머리로 충격을 가하는 행위
- 주먹으로 치는 행위
- 발로 차는 행위
- 눈을 가리는 행위
- 경고를 받고도 재차 반칙을 하는 행위

라. 판 정

- 무릎 이상 몸의 일부가 지면에 먼저 닿는 선수가 패자가 된다.
- 시합도중(휴식시간 포함) 경기장 밖으로 주심의 허락 없이 나갈 경우는 경고 또는 1패로 간주한다.

3 심 판 법

가. 심판의 임무

- 주심은 선수들이 샅바를 잡고 일어나 준비자세를 취한 직후 시작의 휘슬을 불어야 한다.
- 2회의 주의를 받은 선수에게 1회의 경고를 주며, 2회의 경고는 1패, 그리고 3회의 경고를 당한 선수는 선수자격을 상실한다.

나. 심판의 핸드 시그널

- 주의 시 선수나 팀을 향해 45° 정도로 팔을 들며, 주의 1회인 경우는 두 번째 손가락을 펴고, 주의인 2회 경우는 두 번째와 세 번째 손가락을 펴 보인다.
- 경고 시 선수나 팀을 향해 마패를 들어 보여준다.
- 이겼을 시 이긴 팀을 향해 팔을 45° 정도로 비켜 든다.

4 기초기술

가. 손기술

그림 3-8 씨름의 손기술

나. 다리기술

그림 3-9 씨름의 다리기술

안다리 걸기
밧다리 걸기
덧걸이

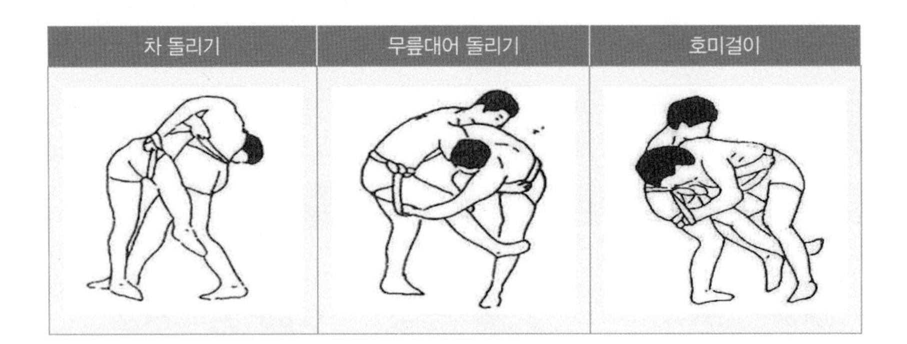

다. 허리기술

그림 3-10 씨름의 허리기술

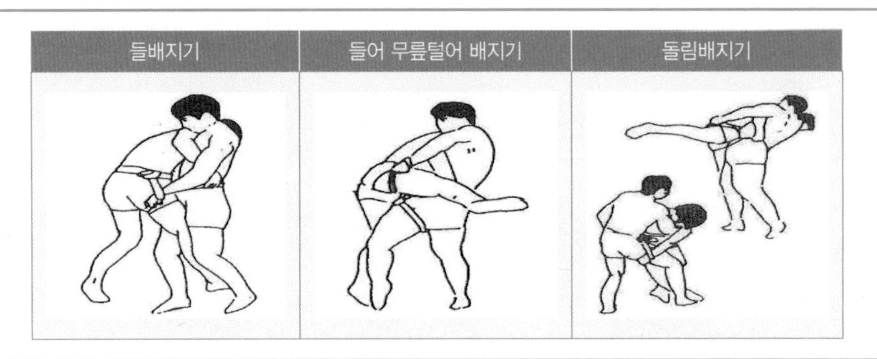

부 록

1. 대진표 작성법
2. 체력검정 기준표

부록 1. 대진표 작성법

1 경기운영 형식

경기를 운영하는 형식에는 보통 토너먼트 형식, 리그전 형식, 리그 토너먼트 결합 형식의 3종류가 있다. 어떤 것을 택할 것인가는 그 대회의 성격, 시설, 시간 또는 참가팀 수 등의 제 조건을 고려하여 주최자 측에서 결정한다.

가. 토너먼트 형식

참가팀 수가 「2」의 완전 승수(4, 8, 16, 32)가 아닌 경우에는 제1회전에서 어떤 수의 부전승이 나온다. 부전승 팀의 수는 참가팀 수보다 큰 「2」의 완전 승수로부터 참가팀 수를 뺀 수이다. 예를 들면 참가팀이 27의 경우 부전승 팀은 32에서 27을 뺀 5팀이 된다.

토너먼트 형식의 경우 전 시합수는 참가팀 수보다 1이 적은 수 즉 참가팀이 27개 팀이라면 시합수는 26이 된다. 이 형식을 변형하여 패자에게 다시 시합의 기회를 주는 패자부활전의 방법도 있다.

나. 리그전 형식

대회에 참가한 모든 팀들이 최소 1번 이상 시합하는 경기운영 방식이다. 시합 수를 산출하는 공식은 다음과 같다.

$$X=\frac{y(y-1)}{2}$$ (X=시합 총 수, y=참가팀 수)

(예) 참가팀 수가 6인 경우 총 시합 수는 15이다.

$$X=\frac{6(6-1)}{2}=\frac{6\times 5}{2}$$

리그전에 있어서 대진표 작성 방법은 다음과 같다.

표 1 리그전 대진표 작성 방법

구 분	1시합	2시합	3시합	4시합	5시합	6시합	7시합
a	1–8 ×	1–7	1–6	1–5	1–4	1–3	1–2
b	2–7	7–6 ×	7–5	6–4	5–3	4–2	3–8 ×
c	3–6	2–5	7–4 ×	7–3	6–2	5–8 ×	4–7
d	4–5	3–4	2–3	7–2 ×	7–8 ×	6–7	5–6

이 표는 참가 팀 수가 7 또는 8인 경우인데 8개 팀인 경우에는 이대로 시행하고 7개 팀인 경우에는 8의 숫자와 대진된 시합을 하지 않으면 된다(즉 표에서 ×표의 시합을 지워버리면 된다). 이와 같이 참가 팀 수가 홀수인 경우에 그보다 1이 많은 짝수가 되게 하여 작성하면 된다.

참가 팀이 6개 팀인 경우에는 위의 표에 따라 다음과 같다.

표 2 6개 팀의 경우 리그전 대진표 작성 방법

구 분	1시합	2시합	3시합	4시합	5시합
a	1–6	1–5	1–4	1–3	1–2
b	2–5	6–4	5–3	4–2	3–6
c	3–4	2–3	6–2	5–6	4–5

※ 어느 팀이 어떤 숫자에 해당하는가를 미리 추첨으로 정한다.

다. 리그 토너먼트 형식

참가 팀을 몇 개의 조로 나누어 조별로 리그전을 실시하고 각 조의 상위팀으로 하여금 다시 결승 리그전을 실시하여 승자를 결정하는 방법이다. 이 경우 팀 간의 결승리그전 대신 토너먼트 형식으로 승자를 결정하는 수도 있다.

2 리그전 순위 결정 방식

리그전 순위 방식은 다음의 채점법에 의한다.

가. 전 시합을 통해서 점수가 많은 팀을 상위로 한다(승 : 2점, 무승부 : 1점, 패 : 0점).

나. 점수가 같을 경우는 전 시합을 통해 득 · 실 세트율이 높은 팀을 상위로 한다.

$$\text{득 · 실 세트율} = \frac{\text{총 득 세트}}{\text{총 실 세트}}$$

다. 득 · 실 세트율이 같을 경우는 득 · 실점률이 높은 팀을 상위로 한다.

$$\text{득 · 실 실점율} = \frac{\text{총 득점}}{\text{총 실점}}$$

라. 2개 팀의 득 · 실점률이 같을 경우에는 당해 팀 간의 승패(승자 승 원칙)에 의해 결정되며 3개 팀의 득 · 실점률이 같을 경우에는 심사위원회가 결정한다.

마. 어떠한 경우일지라도 순위 결정을 위한 재시합은 하지 않는다.

3 시이트법

토너먼트 형식에 있어서 지역적 또는 실력적으로 접근하는 특정 팀들의 조기 대진을 피하게 하는 목적으로 시이트법을 채택하며 시이트할 팀 수는 상황에 따라 결정한다.

실력적인 면에서 4팀을 시이트하고 참가팀이 12개 팀이라고 가정할 경우 아래 그림과 같이 우선 팀 번호를 1부터 12까지 붙여 놓고 시이트 순위 A, B, C, D는 A~1 B~12 C~7 D~6으로 넣는다. 이 경우 만일 4팀 간에 시이트 순위가 없을 경우에는 1, 6, 7, 12의 네 곳에 추첨으로 A, B, C, D 4팀을 넣은 후 나머지 8팀도 추첨을 하여 각 번호에 넣으면 된다.

그림 1 시이트 대진표 작성방법

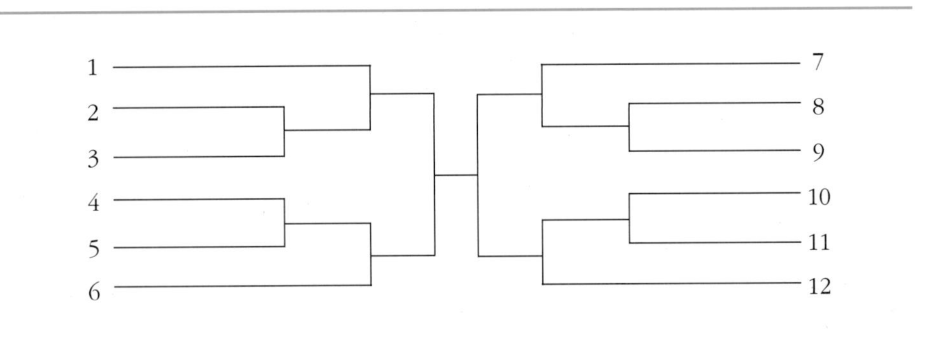

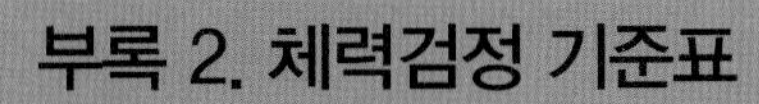

부록 2. 체력검정 기준표

1 육군 장병 기준표

가. 남 자

종목	등 급		연령									
			25 이하	26~30	31~35	36~40	41~43	44~46	47~49	50~51	52~53	54 이상
팔굽혀펴기(2분)	합격	특급	72 이상	70 이상	68 이상	65 이상	61 이상	57 이상	54 이상	51 이상	49 이상	47 이상
		1급	64~71	62~69	60~67	57~64	53~60	49~56	46~53	43~50	41~48	39~46
		2급	56~63	54~61	52~59	49~56	45~52	41~48	38~45	35~42	33~40	31~38
		3급	48~55	46~53	44~51	41~48	37~44	33~40	30~37	27~34	25~32	23~30
	불합격		47 이하	45 이하	43 이하	40 이하	36 이하	32 이하	29 이하	26 이하	24 이하	22이하
윗몸일으키기(2분)	합격	특급	86 이상	84 이상	80 이상	76 이상	72 이상	68 이상	65 이상	62 이상	60 이상	58 이상
		1급	78~85	76~83	72~79	68~75	64~71	60~67	57~64	54~61	52~59	50~57
		2급	70~77	68~75	66~71	60~67	56~63	52~59	49~56	46~53	44~51	42~49
		3급	62~69	60~67	57~64	52~59	48~55	44~51	41~48	38~45	36~43	34~41
	불합격		61 이하	59 이하	56 이하	51 이하	47 이하	43 이하	40 이하	37 이하	35 이하	33 이하
3 km 달리기	합격	특급	12:30 이하	12:45 이하	13:00 이하	13:15 이하	13:30 이하	13:45 이하	14:00 이하	14:15 이하	14:30 이하	14:45 이하
		1급	12:31~13:32	12:46~13:52	13:01~14:12	13:16~14:32	13:31~14:49	13:46~15:05	14:01~15:25	14:16~15:42	14:31~16:02	14:46~16:19
		2급	13:33~14:34	13:53~14:59	14:13~15:24	14:33~15:49	14:50~16:07	15:06~16:26	15:26~16:51	15:43~17:09	16:03~17:34	16:20~17:52
		3급	14:35~15:36	15:00~16:06	15:25~16:36	15:50~17:06	16:08~17:26	16:27~17:46	16:52~18:16	17:10~18:36	17:35~19:06	17:53~19:26
	불합격		15:37 이상	16:07 이상	16:37 이상	17:07 이상	17:27 이상	17:47 이상	18:17 이상	18:37 이상	19:07 이상	19:27 이상

나. 여 자

종목	등 급		연 령									
			25 이하	26~30	31~35	36~40	41~43	44~46	47~49	50~51	52~53	54 이상
팔굽혀펴기(2분)	합격	특급	35 이상	33 이상	31 이상	29 이상	26 이상	24 이상	22 이상	19 이상	17 이상	15 이상
		1급	31~34	29~32	27~30	25~28	23~25	21~23	19~21	17~18	14~16	13~14
		2급	27~30	26~28	23~26	22~24	19~22	18~20	16~18	14~16	12~13	10~12
		3급	23~26	22~25	20~22	18~21	16~18	15~17	13~15	11~13	9~11	8~9
	불합격		22 이하	21 이하	19 이하	17 이하	15 이하	14 이하	12 이하	10 이하	8 이하	7 이하
윗몸일으키기(2분)	합격	특급	71 이상	68 이상	66 이상	63 이상	60 이상	57 이상	55 이상	54 이상	53 이상	52 이상
		1급	63~70	60~67	58~65	55~62	52~59	49~56	47~54	46~53	45~52	44~51
		2급	55~62	52~59	50~57	47~54	44~51	41~48	39~46	38~45	37~44	36~43
		3급	47~54	45~51	42~49	39~46	36~43	33~40	31~38	30~37	29~36	28~35
	불합격		46 이하	44 이하	41 이하	38 이하	35 이하	32 이하	30 이하	29 이하	28 이하	27 이하
3㎞ 달리기	합격	특급	15:00 이하	15:18 이하	15:36 이하	15:54 이하	16:12 이하	16:30 이하	16:48 이하	17:06 이하	17:24 이하	17:42 이하
		1급	15:01~16:14	15:19~16:38	15:37~17:02	15:55~17:26	16:13~17:46	16:31~18:06	16:49~18:30	17:07~18:50	17:25~19:14	17:43~19:34
		2급	16:15~17:29	16:39~17:59	17:03~18:29	17:27~18:59	17:47~19:21	18:07~19:43	18:31~20:13	18:51~20:35	19:15~21:05	19:35~21:27
		3급	17:30~18:43	18:00~19:19	18:30~19:55	19:00~20:31	19:22~20:55	19:44~21:19	20:14~21:55	20:36~22:19	21:06~22:55	21:28~23:19
	불합격		18:44 이상	19:20 이상	19:56 이상	20:32 이상	20:56 이상	21:20 이상	21:56 이상	22:20 이상	22:56 이상	23:20 이상

2 육군3사관학교 생도선발 기준표

가. 체력검정

• 평가종목 : 1.5km(1.2km)달리기, 윗몸일으키기, 팔굽혀펴기

• 측 정 관 : 체육학교수 전 인원(종목별 조교 편성)

나. 배 점

1) 남 자

구 분		1급	2급	3급	4급	5급	6급	7급	8급	9급	9급 미만
가 중 치		100	95	90	85	80	75	70	65	60	·
1.5km달리기	시간	6'08"	6'18"	6'28"	6'38"	6'48"	6'58"	7'08"	7'18"	7'28"	7'29"
	점수	20점	19점	18점	17점	16점	15점	14점	13점	12점	불합격
윗몸일으키기 (2분)	횟수	78회	74회	70회	66회	62회	58회	54회	50회	46회	45회
	점수	12점	11.4점	10.8점	10.2점	9.6점	9점	8.4점	7.8점	7.2점	6점
팔굽혀펴기 (2분)	횟수	64회	60회	56회	52회	48회	44회	40회	36회	32회	31회
	점수	8점	7.6점	7.2점	6.8점	6.4점	6점	5.6점	5.2점	4.8점	4점

2) 여 자

구 분		1급	2급	3급	4급	5급	6급	7급	8급	9급	9급 미만
가 중 치		100	95	90	85	80	75	70	65	60	·
1.2km달리기	시간	5'30"	5'45"	6'00"	6'15"	6'30"	6'45"	7'	7'15"	7'30"	7'31"
	점수	20점	19점	18점	17점	16점	15점	14점	13점	12점	불합격
윗몸일으키기 (2분)	횟수	63회	59회	55회	51회	47회	43회	39회	35회	31회	30회
	점수	12점	11.4점	10.8점	10.2점	9.6점	9점	8.4점	7.8점	7.2점	6점
팔굽혀펴기 (2분)	횟수	31회	29회	27회	25회	23회	21회	19회	17회	15회	14회
	점수	8점	7.6점	7.2점	6.8점	6.4점	6점	5.6점	5.2점	4.8점	4점

※ 윗몸일으키기, 팔굽혀펴기는 제한시간 2분 동안 실시한 횟수 기준
※ 1.5km(1.2km)달리기 9급 미만자는 불합격 처리(남, 여생도 동일)
※ 총점 대비 60% 미만(24점) 점수 획득인원 불합격 처리

3 부사관 선발 기준표

가. 육 군

1) 군장학생 및 민간 부사관

① 남 자

종목/등급점수		1급	2급	3급	4급	5급	6급	7급	8급	9급	10급	불합격
1.5km 달리기	25세 이하	6'08"	6'18"	6'28"	6'38"	6'48"	6'58"	7'08"	7'08"	7'28" 이내	7'29"불합격	
	26~30세	6'18"	6'28"	6'38"	6'48"	6'58"	7'08"	7'18	7'28"	7'38" 이내	7'39"불합격	
윗몸일으키기 (2분)	25세 이하	86 이상	82 이상	78 이상	74 이상	70 이상	66 이상	62 이상	58 이상	54 이하	50 이상	50 미만
	26~30세	84 이상	80 이상	76 이상	72 이상	68 이상	64 이상	60 이상	56 이상	52 이상	32 이상	32 미만
팔굽혀펴기 (2분)	25세 이하	72 이상	68 이상	64 이상	60 이상	56 이상	52 이상	48 이상	44 이상	40 이하	25 이상	25 미만
	26~30세	70 이상	66 이상	62 이상	58 이상	54 이상	50 이상	46 이상	42 이상	38 이하	23 이상	23 미만

※ 1.5Km달리기(25세 이하 : 7분 29초부터는 불합격, 26세~30세 이하 : 7분 39초부터 불합격)
※ 1개 종목이라도 불합격 시 체력검정 불합격(면접평가 미실시)

② 여 자

종목/등급점수		1급	2급	3급	4급	5급	6급	7급	8급	9급	10급
1.5km 달리기	25세 이하	7'39"	7'49"	7'59"	8'09"	8'19"	8'29"	8'39"	8'49"	8'59"이내	9'00" 불합격
	26~30세	7'49"	7'59"	8'09"	8'19"	8'29"	8'39"	8'49"	8'59"	9'09"이내	9'10" 불합격
윗몸일으키기 (2분)	25세 이하	71 이상	67회	63회	59회	55회	51회	47회	43회	39회미만	29회이상
	26~30세	68 이상	64회	60회	56회	52회	48회	44회	40회	36회미만	26회이상
팔굽혀펴기 (2분)	25세 이하	35 이상	33회	31회	29회	27회	25회	23회	21회	19회미만	16회이상
	26~30세	33 이상	31회	29회	27회	25회	23회	21회	19	17회미만	12회이상

※ 1.5Km달리기(25세 이하 : 9분부터는 불합격, 26세~30세 이하 : 9분10초부터 불합격)
※ 1개 종목이라도 불합격 시 체력검정 불합격(면접평가 미실시)

2) 특전 부사관

종목 /등급점수	1급	2급	3급	4급	5급	6급	7급	8급	9급	10급
1.5km 달리기 (남)	5분 이내	5분 15초	5분 30초	5분 45초	6분	6분 15초	6분 30초	6분 45초	7분	7분 초과
1.5km 달리기 (여)	6분 45초 이내	7분	7분 15초	7분 30초	7분 45초	8분	8분 15초	8분 15초	–	–
윗몸일으키기 (남)	90 이상	85	80	75	70	65	60	55	50	49 이하
윗몸일으키기 (여)	75 이상	70	65	60	55	50	45	44 이하	–	–
팔굽혀펴기 (남)	80 이상	75	70	65	60	55	50	45	40	39 이하
팔굽혀펴기 (여)	40 이상	37	34	31	28	25	22	21 이하	–	–
턱걸이(남)	12 이상	11	10	9	8	7	6	5	4	3 이하
20kg 사낭 나르기(남)	18초	18.5초	19초	19.5초	20초	20.5초	21초	21.5초	22초	22초 초과
오래매달리기 (여)	60초 이상	55초	50초	45초	40초	35초	30초	29초 이하	–	–

나. 해 군

“체력검정 없음”

다. 공 군

1) 체력검정(오래달리기) 합격기준

– 남자 1,500m 달리기(7분 44초 이내)

– 여자 1,200m 달리기(8분 15초 이내)

2) 혹서기(7~8월) 1,500m 달리기(남자) 기준시간 8분

3) 부사관 후보생 219기부터 팔굽혀펴기, 윗몸일으키기 폐지

저자 약력

구희곤

경북대학교 대학원 졸업(이학박사, 체육학)
SIU(Southern Illinois University) 교환교수
대구경북체육교수회 간사 역임
전문계 고등학교 체육교과서 개발위원 역임
2011대구세계육상선수권대회 교수자문단 역임
2015경북문경세계군인체육대회 준비위원 역임
육군 전투체력단련 교재발간위원 역임
육군 체육교범 책임연구원(現)
한국스포츠사회학회 이사(現)
한국스포츠사회학회 논문심사위원(現)
여성ROTC 1기 선발위원 역임
국내 종합대학 군사학과 장학생 선발위원(現)
육군3사관학교 생도선발 체력검정위원장(現)
현재 육군3사관학교 체육학과 학과장 및 교수

대표저서

대학체육(공학사, 2010)
스포츠 rule 길라잡이(공학사, 2013)

허동욱

충남대학교 대학원 졸업(군사학박사, 군사학)
예)육군 대령
육군대학 인사행정처장, 합동군사대학교 참모학과장 역임
육군본부 군사연구소 자문위원 역임
육군 우수인력획득 면접위원 역임
국가보훈처 자문위원 및 나라사랑교육 전문교수(現)
육군본부 군무원선발 면접위원(現)
육군본부 군사연구지 논문심사위원(現)
한국군사학논총 학술지 편집위원(現)
대한군사교육 논문지 편집위원(現)
충남대학교 군사연구소 이사(現)
사)한국보훈학회 이사(現)
사)미래군사학회 이사(現)
사)대한군사교육학회 이사(現)
현재 대덕대학교 군사학부 학과장 및 교수

대표저서

중국의 한반도 군사개입전략(북코리아, 2011)
시진핑시대의 한반도 군사개입전략(북코리아, 2013)

국방체육

초판인쇄 2016년 3월 1일
초판발행 2016년 3월 5일

지은이 구희곤 · 허동욱
펴낸이 안종만

편 집 이승현
기획/마케팅 임재무
표지디자인 조아라
제 작 우인도·고철민

펴낸곳 (주) 박영사
서울특별시 종로구 새문안로3길 36, 1601
등록 1959.3.11. 제300-1959-1호(倫)

전 화 02)733-6771
f a x 02)736-4818
e-mail pys@pybook.co.kr
homepage www.pybook.co.kr
ISBN 979-11-303-0269-0 93390

정 가 12,000원